河流健康修复与管理系列丛书

辽河保护区生态资源资产评估

高艳妮　孙倩莹　杨春艳　宋　婷　等/著

U0333212

中国环境出版集团·北京

图书在版编目（CIP）数据

辽河保护区生态资源资产评估/高艳妮等著. —北京：中国环境出版集团，2021.6
（河流健康修复与管理系列丛书）
ISBN 978-7-5111-4758-5

Ⅰ. ①辽… Ⅱ. ①高… Ⅲ. ①辽河流域—流域环境—生态环境—环境生态评价 Ⅳ. ①X321.231

中国版本图书馆 CIP 数据核字（2021）第 120427 号

出 版 人 武德凯
责任编辑 葛　莉
封面设计 宋　瑞

出版发行 中国环境出版集团
　　　　　（100062　北京市东城区广渠门内大街 16 号）
　　　　　网　　址：http://www.cesp.com.cn
　　　　　电子邮箱：bjgl@cesp.com.cn
　　　　　联系电话：010-67112765（编辑管理部）
　　　　　发行热线：010-67125803，010-67113405（传真）
印　　刷 北京鑫益晖印刷有限公司
经　　销 各地新华书店
版　　次 2021 年 6 月第 1 版
印　　次 2021 年 6 月第 1 次印刷
开　　本 787×1092　1/16
印　　张 9.75
字　　数 207 千字
定　　价 68.00 元

中国环境出版集团郑重承诺：
中国环境出版集团合作的印刷单位、材料单位均具有中国环境标志产品认证。

"河流健康修复与管理系列丛书"编委会

主　　编：段　亮

副 主 编（按姓氏笔画为序）：

丁立国　张　华　张鸿龄　钱　锋　高艳妮　韩　璐

参编人员（按姓氏笔画为序）：

马　涛　马明超　马国峰　马欣宇　凡久彬　王　凯

王　琼　王　辉　王世曦　王志坤　王昭擎　王彦卓

王艳杰　王斅誉　田佳宇　付海龙　冯金鹏　冯娜娜

冯雪明　孙学凯　冯朝阳　孙　莹　孙　晨　孙　博

孙丽娜　孙倩莹　亚　涛　邢　钰　吕子超　吕田田

任　聘　朱淼淼　向连城　刘　学　刘　瑶　刘佳宁

许　翼　闫晓寒　张　帆　张　利　张志超　张海亚

杨佳琪　杨春艳　杨彩云　李　丹　李　伟　李　芳

李子音　李冰茹　李明月　李法云　李艳君　李海霞

吴　伟　吴亚梅　何玘霜　狄　鑫　宋　婷　陈　伟

陈　苏　陈　影　陈佳勃　陈思琪　陈晓东　邵子玉

范志平　罗　庆　周　彬　孟晓路　孟维忠　赵　健

赵　博　段平洲　段晓虎　贾振宇　贾晓波　袁英兰

柴　杰　殷　丹　殷敬伟　高祥云　唐雪寒　康　健

麻旭普　韩天放　韩丽花　谢晓琳　虞慧怡　褚丽妹

蔚　青　穆映鸣

本书编委会

（按姓氏笔画为序）

王世曦　王　昊　冯朝阳　吕田田　刘　学

孙倩莹　杨春艳　杨彩云　宋　婷　张林波

贾振宇　高艳妮　韩天放　虞慧怡

序言

　　河流水生态环境治理保护，旨在改善受污染河流水环境质量，修复受损水生态系统功能，逐步恢复河流生态系统健康。在大力治理污染源的同时，给河流以空间，开展河流保护区建设，是河流治理保护的创新实践。

　　辽河保护区依辽河干流而设，从东、西辽河交汇处福德店开始到盘锦入海口，全长 538 km，总面积 1869.2 km²，是我国第一个为保护河流而划定的区域，也是河流管理体制机制创新先行示范区。"划区"以来，辽宁省大力开展生态修复保护工作，使得保护区生态迅速恢复，生物多样性明显增多。为了深入研究大型河流生态保护的原理，探索治理保护修复经验，"十三五"水专项设置了"辽河保护区河流健康修复与管理技术集成"课题。

　　本课题针对河流管理体制机制创新先行示范区——辽河保护区水生态系统健康维护与保护目标提升技术需求，集成水专项"十一五"、"十二五"河流治理保护技术，突破综合调控关键技术，重点开展生态资源资产评估、北方寒冷地区大型季节性河流生态水保障与时空优化调度、北方寒冷地区大型流域湿地发育与重建、自然生境恢复与土地利用空间优化、智慧化综合管理等技术研发与应用，构建基于生境恢复、功能提升、综合调控的辽河保护区健康河流修复技术体系，形成辽河保护区健康河流构建技术模式。制定辽河保护区健康河流修复总体方案与技术路线图，指导辽河保护区健康河流构建技术模式实践，支撑辽河保护区"十三五"水质与水生态改善目标的实现。

　　课题研究提出的大型季节性河流生态水保障技术在辽河保护区上游清河、

柴河两座大型水库及 16 座闸坝调度运行中得到实际应用，对供水及引水规则进行优化调整，制定考虑跨流域引水、生态与农业供水耦合的优化调度方案，2020 年两座水库全年共泄放生态水量 7 160 万 m³。保障干流珠尔山、巨流河大桥、盘锦兴安等重要控制断面在各水期内满足以河流健康为目标的生态流量要求。课题集成的辽河保护区大型流域湿地重建技术在东、西辽河交汇口源头区、石佛寺-七星中游区、大张-盘山闸-双台子下游区开展大型流域湿地重建综合性工程实证，实证区湿地面积合计 23.8 万亩，河滨植被覆盖度由 2009 年的 59.3%提高至 2020 年的 95.6%，鸟类、鱼类分别由 2011 年的 45 种、15 种增加到 2020 年的 85 种、53 种，生态系统功能明显恢复。课题研究成果有效支撑了辽河流域水生态环境质量改善。

本课题由中国环境科学研究院、辽宁省水利水电科学研究院有限责任公司、辽宁石油化工大学、沈阳大学、北京市农林科学院共同完成。为系统总结大型河流保护区治理保护理论与技术经验，课题组组织编著了"河流健康修复与管理系列丛书"，相信该丛书可为我国大型河流治理保护提供有益的经验借鉴。

宋永会

2021 年 6 月

前言

辽河是我国七大江河之一，在推动沿岸工业化和城镇化进程中发挥了重要作用，但传统的发展方式也使辽河流域生态环境遭受严重破坏。为恢复辽河主导生态系统功能，促进可持续发展，2010 年辽宁省委、省政府划定了辽河保护区，设立了辽河保护区管理局，通过统筹规划、集中治理、全面保护等方式对辽河保护区进行整体管护。

本研究以服务于生态系统管理和相关绩效考核为目标，建立了可反映保护区水质水量和生态系统状况的生态资源资产评估指标体系，通过模型、方法的筛选优化，确定了实物量评估模型和价值量评估方法，形成了辽河保护区生态资源资产评估技术体系。以 2010 年为基准年，对 2013 年、2015 年和 2018 年辽河保护区生态系统格局、质量、生态资源资产进行了评估，并分析了其在保护区整体、不同控制段、主要生态修复工程区的时空动态变化特征。以此为基础，开展了保护区生态环境管理成效评估和问题识别，提出了保护区生态资源资产提升的对策建议。

本书是在国家水体污染控制与治理科技重大专项（2018ZX07601-003）的支持下，课题组全体成员通过开展翔实的现场考察、实地采样、问卷调查、数据收集，深入的数值模拟与分析，广泛的讨论与咨询形成的最终成果。全书共 6 章，第 1 章为辽河保护区基本概况；第 2 章为辽河保护区生态资源资产评估方法；第 3 章为辽河保护区生态资源要素构成；第 4 章为辽河保护区生态系统格局与质量；第 5 章为辽河保护区生态资源资产；第 6 章为辽河保护区生态资源资产提升对策建议。

　　限于作者编写能力、资料整理等因素，本书的遗漏和不足之处在所难免，敬请读者不吝指正，以帮助我们在工作中不断改进、完善。

作者

2020 年 12 月

目录

第1章 辽河保护区基本概况

辽河是我国七大江河之一，发源于河北省承德地区七老图山脉的光头山，流经河北、内蒙古、吉林和辽宁四省（区），全长 1 345 km，流域面积约为 21.96 万 km²。辽河在辽宁省内流域面积约为 6.92 万 km²（含支流流域面积），沿岸城市多以能源、冶金、建材、机械等重工业经济为主，在推动城市发展发挥巨大作用的同时，也使辽河流域生态环境遭到严重破坏，河流水体大面积被污染，水土流失严重、水生生物丰度与多样性下降、河水断流现象频发。2006 年，辽河被列为全国重点治理的河流之一。2010 年，为恢复和保护辽河主导生态系统功能，实现可持续发展的长远目标，辽宁省委、省政府借鉴国外河流管理的先进经验，划定辽河保护区，设立辽河保护区管理局，对辽河保护区统一依法行使环保、水利、国土、交通、农业、林业、海洋和渔业等部门的监督管理和行政执法职责以及保护区建设职责，开创了我国大江大河流域综合治理与管理的先河。2011 年，辽宁省政府决定在辽河保护区设立辽河干流主行洪保障区，以河流两岸平均 500 m 向两侧延伸25 m 为界，建设了一条上、下贯通的生态廊道以确保行洪安全和生态安全，形成了独具特色的生态带。

1.1 地理位置

辽河保护区地理位置为东经 121°41′～123°55.5′、北纬 40°47′～43°02′，始于东辽河、西辽河交汇处的铁岭市福德店，流经铁岭、沈阳、鞍山、盘锦 4 个地级市，于辽宁省盘山县入渤海，干流全长约为 538 km，面积约为 1 869.2 km²（图 1-1）。沿岸涉及 14 个县（市、区），68 个乡（镇、场），288 个行政村。县（市、区）分别为铁岭市的昌图县、开原市、铁岭县、银州区，沈阳市的沈北新区、康平县、法库县、新民市、辽中区，鞍山市的台安县，盘锦市的兴隆台区、双台子区、盘山县、大洼区。

图 1-1　辽河保护区地理位置

1.2　自然概况

1.2.1　地形地貌

辽河干流东为长白山地,西为冀热山地和大兴安岭南端。地势自北向南,由东、西向中间倾斜,河道局部蛇曲发育。总体地势平坦,地貌单元较为单一,均属于辽河冲积平原。铁岭市和沈阳市北部地貌类型以山区、丘陵为主,海拔为 40~60 m;沈阳市南部、鞍山市和盘锦市地貌类型以平原为主。

1.2.2　气象条件

辽河保护区地处中、高纬度地区,属暖温带半湿润大陆性季风气候,冬季严寒漫长,夏季炎热、多雨,春季干燥、多风沙,秋季历时短。保护区多年平均降水量为 570 mm,自北向南为高—低—高的空间分布特征(图 1-2)。降水主要集中在 5—8 月,占全年降水量的 71%。多年平均气温约为 9℃,且从南到北逐渐降低。最高气温主要发生在 7 月,多年平均气温为 25℃;最低气温主要发生在 1 月,多年平均气温为−11℃。

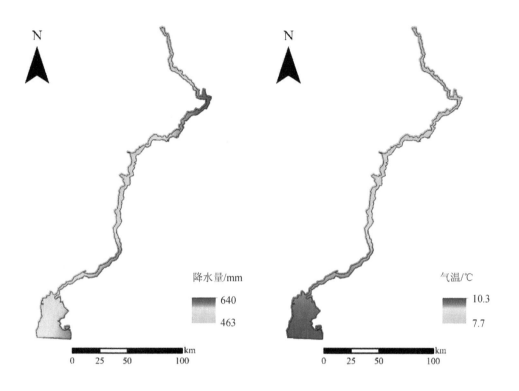

图 1-2 辽河保护区多年平均降水量和多年平均气温空间分布

1.2.3 河流水系

辽河保护区以辽河干流为主干河道,两岸有 33 条主要一级支流和排干汇入(图 1-3)。辽河干流全长为 538 km,位于干流左岸的一级支流和排干有招苏台河、亮子河、清河、中固河、柴河、凡河、长河、左小河、燕飞里排干、螃蟹沟、吴家排干和清水河等,位于右岸的一级支流有公河、王河、长沟子河、亮沟子河、拉马河、三面船乡小河、秀水河、养息牧河、付家窝堡排干、柳河、小柳河、一统河、太平总干、绕阳河等。除上游的东辽河、西辽河外,一级支流中流域面积在 5 000 km^2 以上的大型河流有 2 条,分别是位于辽河干流下游右岸的绕阳河和柳河,流域面积在 1 000~5 000 km^2 的中型河流有 7 条,分别是左岸的招苏台河、清河、柴河、凡河和右岸的公河、秀水河、养息牧河。

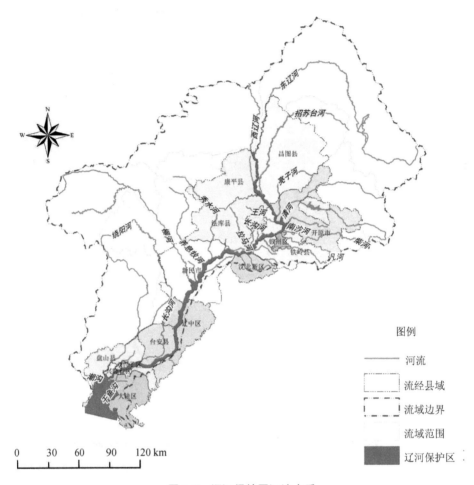

图 1-3　辽河保护区河流水系

1.2.4　植被状况

辽河流域植被类型主要有栽培植被、阔叶林、草原、灌丛、针叶林、草甸、沼泽、针阔叶混交林等，以一年一熟粮食作物及耐寒经济作物为主体的栽培植被占比最高。辽河干流流经的 14 个县（市、区）中，除盘锦市的双台子区、兴隆台区、大洼区、盘山县以两年三熟或一年两熟旱作和落叶果树园为主外，其他各县（市、区）均以一年一熟粮食作物及耐寒经济作物为主。温带落叶阔叶林、温带落叶灌丛主要分布在开原市和铁岭县东部。由于退耕封育政策的实施，辽河保护区植被类型以草地和湿地为主。

1.2.5　土壤条件

辽河流域土壤类型总体以棕壤和草甸土为主，区域差异明显。沈阳市以北东部区域主要为棕壤，西部区域主要为潮土；沈阳至鞍山段西部主要为潮土，东部主要为草甸土；盘锦段以水稻土和滨海盐土为主。辽河保护区主要土壤类型为草甸土、滨海沼泽盐土、潮土和棕壤等。辽河干流上游段沈阳东部主要为潮土，通江口往下铁岭至沈阳段、沈阳至盘锦段主要为草甸土，盘锦以下河口区主要为滨海盐土。

1.3　环境概况

　　"九五"之前，辽河水系污染严重，主要污染指标为氨氮、高锰酸盐指数和挥发酚。"九五"期间，流域水质继续恶化，Ⅴ类、劣Ⅴ类水质占比为66.6%，主要污染指标为高锰酸盐指数和生化需氧量，辽河流域被列入国家重点治理的"三河三湖"。"十五"期间，通过加强污染物总量控制，辽河水质恶化趋势得到基本遏制，但污染治理效果仍不明显。2001年97个水质监测断面中，Ⅴ类、劣Ⅴ类水质占比在70%以上。2005年37个地表水国控监测断面中，Ⅰ～Ⅲ类、Ⅳ～Ⅴ类和劣Ⅴ类水质的断面占比分别为30%、30%和40%。"十一五"期间，国家和地方政府加大治理力度，启动并实施了"水体污染控制与治理科技重大专项"（简称"水专项"），辽河流域由重度污染逐渐转变为中度污染。2009年36个国控监测断面中，Ⅰ～Ⅲ类、Ⅳ类、Ⅴ类和劣Ⅴ类水质的断面占比分别为41.7%、13.9%、8.3%和36.1%。"十二五"期间，辽河水质进一步改善。2011年辽河干流为轻度污染，13个国控断面中，Ⅰ～Ⅲ类和Ⅳ～Ⅴ类水质断面占比分别为38.4%和61.6%，2013年摘掉重污染流域帽子，水质优良比例达45.5%，劣Ⅴ类比例下降到5.4%。"十三五"期间，随着《水污染防治行动计划》（以下简称"水十条"）的实施，辽河保护区水质基本保持稳定或有所改善（表1-1）。2019年除曙光大桥外，其余8个干流断面水质类别均达到地表水水质Ⅳ类标准。支流水质整体劣于干流水质，其中，招苏台河、亮子河、螃蟹沟、太平总干、清水河、绕阳河水质较差，水质类别为Ⅴ类，甚至为劣Ⅴ类，柴河、凡河、拉马河水质类别通常为Ⅲ类，其他支流水质大多为Ⅳ类。

表 1-1　辽河干流断面水质类别

控制断面	2015 年	2016 年	2017 年	2018 年	2019 年
福德店	Ⅳ	Ⅳ	Ⅳ	Ⅴ	—
三合屯	Ⅳ	Ⅳ	Ⅳ	Ⅴ	Ⅳ
珠尔山	Ⅳ	Ⅳ	Ⅳ	Ⅳ	Ⅳ
马虎山	Ⅳ	Ⅴ	Ⅳ	Ⅳ	Ⅳ
巨流河大桥	—	Ⅴ	Ⅳ	Ⅳ	Ⅲ
红庙子	Ⅳ	Ⅳ	Ⅳ	Ⅳ	Ⅳ
盘锦兴安	Ⅳ	Ⅳ	Ⅳ	Ⅴ	Ⅳ

控制断面	2015 年	2016 年	2017 年	2018 年	2019 年
曙光大桥	IV	IV	IV	V	V
赵圈河	IV	IV	IV	IV	IV

1.4 社会经济概况

2018 年辽河保护区沿线的 4 个地级市常住人口为 1 608.90 万人，全年地区生产总值（GDP）为 9 876.7 亿元，占辽宁省 GDP 的 39.01%，人均 GDP 为 6.14 万元，约为辽宁省人均 GDP 的 1.06 倍。其中，沈阳市 GDP 最高，达 6 292.40 亿元，人均 GDP 为 7.57 万元。其次是鞍山市，GDP 为 1 751.10 亿元，人均 GDP 为 5.12 万元。从各城市三次产业占比来看，沈阳市、鞍山市和铁岭市均以第三产业占比最高，分别占全年 GDP 的 58.10%、53.18% 和 45.17%。盘锦市以第二产业占比最高，占全年 GDP 的 50.68%。辽河干流流经的 14 个县（市、区）的户籍人口为 621.30 万人（表 1-2），流经的 288 个行政村的户籍人口约为 29.8 万人。

表 1-2 2018 年辽河保护区沿线 14 个县（市、区）的户籍人口数量

市级行政区	县级行政区	户籍人口/万人
铁岭市	铁岭县	37.86
	昌图县	99.26
	开原市	56.04
	银州区	33.31
沈阳市	沈北新区	32.40
	辽中区	51.40
	康平县	34.20
	法库县	43.82
	新民市	66.56
鞍山市	台安县	36.51
盘锦市	双台子区	19.50
	兴隆台区	43.92
	大洼区	39.13
	盘山县	27.38
合计		621.30

1.5 工程概况

1.5.1 封育工程

辽河保护区以河流中轴线为中心,两岸以 500 m 为界进行划定,边界建设围栏设施,以及 25 m 宽的管理路和阻隔沟,形成宽度为 1 000 m、长度超 500 km 的生态封育区。围栏工程始于 2011 年,范围从铁岭市昌图县福德店至盘锦市盘山闸,全河段长为 475 km,设置围栏长为 1 036.94 km,其中,铁岭市内长为 348.09 km,沈阳市内长为 531.40 km,鞍山市内长为 80.20 km,盘锦市内长为 77.25 km。辽河干流行洪保障区右岸生态阻隔带总长为 329.90 km,其中,沈阳市内长为 187.80 km,鞍山市内长为 63.20 km,铁岭市内长为 71.20 km,盘锦市内长为 7.70 km。阻隔带建在生态保护带边界一侧,由边沟和绿化带组成,其核心目的是隔离污染、美化环境、方便作业。管理路途经 4 市 9 县(区),全长为 364.60 km,其中,铁岭市内长为 150.20 km,沈阳市内长为 163.50 km,鞍山市内长为 11.40 km,盘锦市内长为 39.50 km。管理路参照四级公路标准修建,设计速度为 20.00 km/h,路面宽度为 3.50 m,路基全宽为 4.50 m,每 1.00 km 设置错车台一处。管理路建设对生态环境敏感保护目标(如各类自然保护区、野生保护动植物及栖息生长地)进行了避绕,并在低洼沟谷等地段建设的管涵内部铺设碎石,方便动物通行,维护河岸带廊道功能。

针对铁岭县银州区至凡河口段、沈阳市石佛寺至七星山段和沈阳市柳河口至秀水河口段,人类活动强烈、植被破坏与水土流失严重、河岸带生态系统功能明显降低、生物多样性减少等问题,"十二五"期间实施了生态封育示范工程,以促进河岸带植被恢复和生态系统功能提升。工程总长为 100 km,示范技术主要为人工强化自然封育技术与河岸缓冲带技术,见表 1-3。

表 1-3　辽河保护区生态封育示范工程概况

工程区域	工程内容
铁岭县银州区至凡河口段	建设管理路为 50 km,围栏为 70 km,人工栽种芦苇、千屈菜、菖蒲、柳树、杨树等植物 500 多亩[①]
沈阳市石佛寺至七星山段	封育面积为 2 万亩,建设管理路超 18 km,围栏为 13 km
沈阳市柳河口至秀水河口段	退耕还林 14.6 万亩,建设管理路 80 km,围栏超 80 km,人工栽培各种净水植物、草本植物及防风固土植物 200 hm²,在巨流河桥橡胶坝至毓宝台橡胶坝段形成了 50 km² 的滩地草原

---

① 1 亩=1/15 hm²。

1.5.2　湿地工程

辽河保护区湿地工程主要是利用坑塘湿地、牛轭湖湿地、支流汇入口湿地构建技术，依托干流水环境综合整治和支流入河口水环境污染阻控工程进行建设。2012 年辽河干流实施了 16 处水环境综合整治工程，用于增加干流水量，扩大环境容量。其中，铁岭市有6 处，主要工程内容为建设土坝、溢流堰、湿地，开展河道两侧岸坡生态治理等；沈阳市有 5 处，主要为建设河道湿地和河道护岸，栽培植物，实施河道封育等；鞍山市有 3 处，主要为建设河道湿地和防护工程，种植水生植物等；盘锦市有 2 处，主要为建设河道湿地、泄水闸，种植水生植物等。2012—2013 年辽河一级支流和排干入河口共建设了 19 处水环境污染阻控工程，用来削减支流来水污染。主要建设内容为新建河道湿地、钢坝闸、生态岛、长河潜坝，整修加固河口处滩地管理路等。各县（市、区）中铁岭县工程数量和总投资额最多，包括王河、凡河、长沟河、沙河和拉马河 5 处河口水环境污染阻控工程；其次是新民市，包括付家窝堡排干口、燕飞里排干口、蓝旗小河和南窑小河 4 处河口水环境污染阻控工程。2013 年，辽河保护区管理局下达实施辽河综合治理（支流口治理）专项资金工程，对长河、蓝旗小河、南窑小河等 11 条支流（排水渠）进行治理。

1.5.3　其他工程

1.5.3.1　蓄水工程

辽河干流共建设 19 处生态蓄水工程，包括石佛寺水库和盘山闸 2 座控制性水利工程，16 座拦河橡胶坝工程和 1 座拦河潜坝工程。其中，石佛寺水库是辽河干流唯一一座大型防洪控制性工程，位于沈阳市沈北新区黄家乡和法库县依牛堡乡，控制流域面积为164 786 km²。2012 年，石佛寺水库由滞洪功能调整为生态蓄水功能，河道水量可常年保持在 1.4 亿 m³。盘山闸工程位于盘锦市双台子区东郊，是辽河下游防洪体系的一个重要组成部分。工程建在感潮河段的末端，闸址距河口为 57.3 km，由深孔闸、浅孔闸、进水闸、船闸、过水斜堤及左右岸导流堤等组成。橡胶坝为主河槽坝，布置在城市段及具备条件的主要桥梁下游、河道相对稳定、河床冲淤变化不明显的河段，以及施工条件较好、管理比较方便的河段。辽河保护区各水库、闸、坝生态工程蓄水量为 6 922 万 m³，蓄水面积为 4 220.58 万 m²。据估算，辽河干流 19 处生态蓄水工程可总体延长污染物在河停留时间 70 h，橡胶坝的曝气作用可提高水体溶解氧 10% 左右；每座橡胶坝可降解化学需氧量浓度为 10%～20%，对悬浮物降解率为 30%～50%，对污染物的综合降解能力约为 20%（赵启学，2017；曹博文，2020），保护区已建成的生态蓄水工程在水质净化方面发挥了巨大作用（刘淼等，2013）。

1.5.3.2　河道综合整治工程

　　"十二五"和"十三五"期间，辽河保护区开展了一系列河道综合治理工程，主要包括岸坎修复工程、河势稳定及河道险工治理工程等。岸坎修复工程涉及岸线长度约为766.00 km，其中，需要进行削坡整形的陡坎段岸线长为475.52 km。河势稳定及河道险工治理工程采用硬性工程与植物柔性工程相结合的河势稳定生态控制方法、河流泥沙生态调控与人工浮岛净化技术等。其中，2012 年依据划定的中水治导线实施河道清淤、险工治理、生态护岸、恢复水生植物等河道综合治理工程 167.30 km，包括昌图县福德店清淤工程、新调线桥到蔡牛段河道综合整治工程、盘锦市于岗子站防护等 26 处典型工程建设。2019 年开展了险工治理、排水清淤、橡胶坝维护、护岸加固等河道综合整治项目。

1.6　管理概况

1.6.1　管理机构

　　2010 年辽宁省委、省政府设立了辽河保护区管理局（简称"管理局"），属省级建制单位，由水利、环保、国土、交通、农业、林业、海洋与渔业 7 个职能部门共同构成，负责推进保护区内治理与保护的各项工作（图 1-4）。管理局下设办公室、法制与宣传处（宣传教育中心）、规划财务处、建设管理处、水政监察处、环境监察处、污染防治处、生态

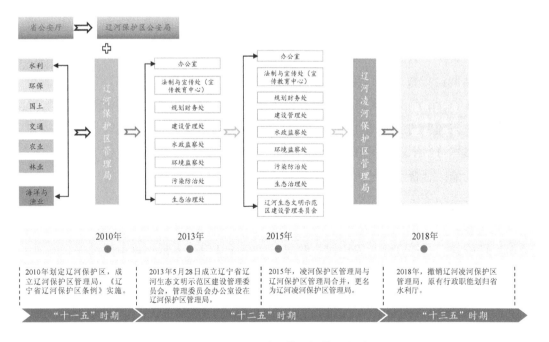

图 1-4　辽河保护区管理机构的变迁

治理处，主要负责拟订相关法规，编制实施保护区相关规划、行动计划，组织开展生态环境监督管理，协调处理保护区各类问题等。同时，辽宁省公安厅设立了辽河保护区公安局，主要负责保护区内违法案件的查处工作。为加强辽河生态带建设，2013年辽宁省政府成立了辽河生态文明示范区建设管理委员会，办公室设在辽河保护区管理局，主要负责编制实施辽河生态建设规划和计划，审查相关规划、重点项目，制定相关法规政策等。2015年，辽宁省政府将凌河保护区管理职责归入辽河保护区管理局，凌河保护区管理局与辽河保护区管理局合并，更名为辽河凌河保护区管理局，2018年撤销辽河凌河保护区管理局，原有行政职能划归辽宁省水利厅。

1.6.2　规划计划

内容涉及辽河保护区生态保护与修复工程、河岸带生态修复、生态旅游示范区建设、生物多样性保护等方面。《重点流域水生态环境保护规划（2021—2025年）》提出，在辽河干流实施高质量封育，打造辽河国家公园，持续开展辽河流域支流水污染综合治理，科学开展辽河河口湿地生态系统、辽河刀鲚等珍稀野生动物及其栖息地保护等工作。

1.6.3　监测体系

辽河干流设有水文站9个，包括福德店、通江口、铁岭、马虎山、毓宝台、平安堡、辽中、六间房和盘山闸，主要监测内容包括流量、水位、流速、含沙量等（图1-5）。水质监测断面31个，包括福德店、三合屯、通江口、铁岭等12个干流监测断面，以及老山头、黄洋、兴跃桥、新生桥等19个支流监测断面，主要检测内容包括pH、溶解氧、高锰酸盐指数、生化需氧量、氨氮、石油类、挥发酚、汞、铅、化学需氧量、总氮、总磷等。辽河保护区属于全国生物多样性试点监测区域，按照《2011年全国生物多样性试点监测方案》要求，在保护区内的昌图福德店、法库和平、开原五棵树、铁岭平顶堡等12个监测区域，以及福德店东辽河、西辽河交汇处生物多样性及湿地保护生态功能区、背河—前王家坨子湿地生物多样性生态功能区、于家—前新湿地生物多样性生态功能区、兰家街—老山头—何家屯湿地生物多样性生态功能区等8个区域开展生物多样性监测，同时结合辽河保护区相关湿地工程建设，在康平—法库段、开原—铁岭段、石佛寺—马虎山段、毓宝台—本辽辽段、大张—盘山闸段和赵圈河—辽河口段等开展生物多样性调查，主要调查内容包括植物、鱼类、鸟类、浮游与底栖生物、昆虫、陆生生境、威胁因素等。

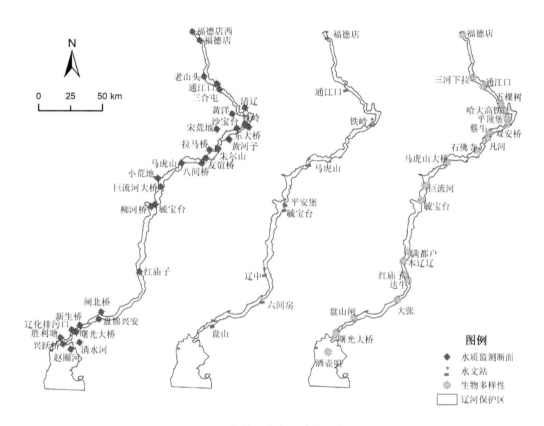

图 1-5 辽河保护区生态环境监测点位分布

1.6.4 科技支撑

辽河流域是实施 "水专项"的重点示范流域之一,"十一五"至"十三五"期间均在辽河保护区开展了相关研究(表 1-4)。"十一五"期间主要开展了"辽河流域水污染综合治理技术集成与工程示范""流域水生态功能分区与水质目标管理技术研究与示范""流域水环境风险评估与预警技术研究与示范""流域水污染控制与治理技术评估体系研究示范"等,形成了流域水生态健康评估与功能分区、流域水质基准与水环境标准制定、流域污染容量总量控制、流域水污染治理、流域监控预警与风险管理等技术。"十二五"期间主要开展了"辽河流域水污染综合治理技术集成与工程示范""辽河流域水环境管理技术综合示范""辽河流域分散式污水治理技术产业化"等,形成了水生态功能分区、水环境基准标准、流域容量总量控制、水环境监测监控、风险评估预警、污染防治技术评估六大技术子体系。"十三五"期间主要目标是实现关键技术的规范化、规模化和产业化运行,产生明显的经济、社会和环境效益,支撑流域生态建设,使综合示范区生态系统健康基本恢复,形成水污染治理、水环境管理、饮用水安全保障三大技术体系和八大标志性成果，以及一批具有代表性的成套技术、关键技术、标准规范及指南等。

表 1-4   辽河保护区相关科研工作总结

时间段	主要项目名称	主要成果
"十一五"[①]	(1) 辽河流域水污染综合治理技术集成与工程示范 (2) 流域水生态功能分区与水质目标管理技术研究与示范 (3) 流域水环境风险评估与预警技术研究与示范 (4) 流域水污染控制与治理技术评估体系研究示范	(1) "水化-营养状态-鱼类-底栖动物-藻类"的综合评价指标体系 (2) 辽河流域一级至三级水生态功能分区方案 (3) 适用于流域尺度的特征污染物筛选方法 (4) 典型污染物相关基准值 (5) 应急水质标准分级、定值技术方法 (6) 基于"驱动力-压力-状态-响应"的水生态承载力指标体系 (7) 基于分区的水生态承载力动力学模型 (8) 流域水生态承载力预测与多目标产业结构优化技术 (9) 基于水生态承载力的流域产业结构调整方案 (10) "流域-控制单元"与"控制单元-污染源"的双层次总量分配 (11) 水库群联合和河流闸坝联合调度方案 (12) 突发性环境风险管理技术体系 (13) 累积性环境风险管理技术体系 (14) 集成污染源、水环境质量、风险评估与预警、应急响应、模型软件、信息服务等核心系统的预警平台
"十二五"[①②]	(1) 辽河流域水污染综合治理技术集成与工程示范 (2) 辽河流域水环境管理技术综合示范 (3) 辽河流域分散式污水治理技术产业化	(1) 水生态功能分区技术体系包括水生态功能评价、流域水生态功能区划分、管理目标制定等 8 项技术 (2) 水环境基准标准技术体系包括特征污染物筛选、水生生物基准、生态学基准等 6 项技术 (3) 流域容量总量控制技术体系包括入河污染负荷估算等 6 个流域层面的技术，以及排污许可证管理等 10 个控制单元层面的技术 (4) 水环境监测控制技术体系包括水环境质量监测、监测网络等 7 项技术 (5) 风险评估预警技术体系包括水污染源风险管理、水环境质量风险评估、水环境预警等 5 项技术 (6) 污染防治技术评估体系包括创新防治技术管理与评价、最佳实践控制技术（BPT）、最佳常规污染物控制技术（BCT）、最佳经济可行技术（BAT）及现有最佳示范技术（BADT）

时间段	主要项目名称	主要成果
"十三五"	(1) 辽河流域水污染治理与水环境管理技术集成与应用 (2) 辽河流域典型优控单元污染治理模式与工程应用 (3) 辽河保护区河流健康修复与管理技术集成 (4) 辽河流域水专项技术成果推广与产业化	(1) 形成辽河流域典型工业废水全过程控制、城镇水污染控制、农村水污染治理、受损水体修复、水生态环境功能分区管理、水环境风险管理等集成技术 (2) 建成辽河流域水环境综合管理调控平台，形成城市重污染河流、面源污染主导型河流等水质综合调控技术，典型优控单元水污染治理规范化工艺包，形成针对大伙房水库上游典型区域的农业面源污染控制与治理技术体系和模式 (3) 形成辽河保护区健康河流修复与管理技术体系和构建模式，形成生态资产管理、生态水时空优化调度、大型流域湿地恢复重建、自然生境恢复与土地利用空间优化总体方案 (4) 组建流域畜禽养殖污染治理、村镇污水处理及污泥资源能源化等水污染治理技术产业战略联盟，形成辽河流域典型工业废水全过程控制、农村生活水污染多级防控、寒冷地区污水厂体表改造、受损河流立体修复、水生态环境功能分区、北方寒冷地区大型季节性河流生态流量确定方法及规模化养殖场污染防治、大型沼气工程成套设备等的地方标准、规范、技术指南等 (5) 辽河流域水污染治理与水环境管理关键技术评估、验证与技术包构建方法；水环境大数据交换与智能化管理技术；水环境承载力评估-预警-决策规范化、标准化、一体化技术；水源保护区种植业水肥高效利用-污染物拦截-资源化利用污染负荷消减系列化、规范化、模式化技术；基于河流廊道功能修复的干流闸坝调度技术；辽河保护区大型生态工程功能提升技术；低温环境下干式发酵设备的研发与优化技术；互联网+村镇污水处理一体化设施的模块化技术

资料来源：① 苑芷茜，李艳红，邰姗姗，等. 水专项"十三五"时期辽河流域水环境管理研究思路初探[J]. 环境科学与管理，2017，42（6）：8-11.
② 夏广锋，王闻烨，吴萱，等. 辽河流域"十二五"水专项环境管理技术推广建议[J]. 环境保护与循环经济，2018，38（2）：67-72.

1.6.5　监督执法

2010 年以来，水行政主管部门按照水行政综合执法的要求以及"归口管理、综合执法、协调配合、各负其责"的原则，将分散在水资源、河道、水土保持等领域的执法职能整合，明确了职责权限，实行"一个窗口对外"。以国家法律法规、地方性法规、政府规章/规范性文件、部门规章/规范性文件等为主要参照，依法查处了各类水事违法行为。2013 年，辽宁省水利厅、公安厅联合制定了《关于水政监察机构、江河流域公安机关联合执法的指导意见》，提出建立水政、公安执法联动机制，通过日常联合巡查、设立举报电话等方式，拓宽信息渠道，强化信息交流，推进执法办案信息共享，实施联合执法，提高了执法效能。2018 年，辽宁省出台了《辽宁省省级河长制部门联合执法工作制度》，强调要强化组织领导，完善体制机制，统筹各方力量，并于 2018 年 6 月 30 日全面建立了河长制。

第 2 章　辽河保护区生态资源资产评估方法

生态资源资产评估是开展生态保护与修复成效评估的重要手段，也是支撑生态文明制度体系建设的关键技术之一。本章在梳理总结生态资源资产概念内涵、评估原则和评估指标体系的基础上，充分考虑辽河保护区自然资源状况和水环境特征后，提出了辽河保护区生态资源资产评估指标体系，构建了评估框架；并通过筛选优化各项生态系统服务评估技术，确定了生态资源资产实物量评估模型和价值量评估方法。

2.1　概念内涵

生态资源资产是指生态资源及其提供的生态系统服务，是自然资源资产的重要组成部分。生态资源资产可以分为两个部分：第一部分是生态资源，主要包括生态用地资源、水资源、生物资源、海洋资源等，是生态资源的存量资产（三江源区生态资源资产核算与生态文明制度设计课题组，2018）。第二部分是生态系统服务，是指人类从生态系统获得的各种惠益（Millennium Ecosystem Assessment，2005），主要包括产品供给、水文调节、气候调节、侵蚀控制、物种保育、精神文化服务等，是生态资源的流量资产。生态资源存量资产是生态资源流量资产产生的基础，只要存量资产存在，每年就会产生流量资产。本研究主要对流量资产进行评估，存量资产以实物量形式进行介绍。

2.2　评估原则

生态系统可以提供的服务众多，为有效避免评估指标选取随意、评估结果难以对比和应用等问题，本研究在系统总结国内外相关研究进展的基础上，提出了生态资源资产评估原则（高艳妮等，2019）。

1）生物生产性原则，是指纳入评估的生态系统服务是由生物生产持续产生的、可再生性的服务，单纯由自然界物理化学过程产生的、不可再生性的服务不予评估。

2）人类收益性原则，是指纳入评估的生态系统服务是对人类福祉产生直接效益的服务，维持生态系统自身功能或生态系统服务中间过程产生的收益不予评估。

3）自然产出性原则，是指纳入评估的生态系统服务需要由自然生态系统产生或和人类生产活动共同作用产生，完全由人工建造的人文景观、规模化养殖等服务不予评估。与人类生产活动共同作用产出的服务在评估时应去除人类贡献部分。

4）经济稀缺性原则，是指纳入评估的生态系统服务应具有经济稀缺性，数量无限或人类没有能力获取的服务不予评估。评估过程还应考虑稀缺等级。

5）保护成效性原则，是指纳入评估的生态系统服务应能反映人类保护、恢复或破坏活动对生态系统的影响或改变。

6）实物度量性原则，是指纳入评估的生态系统服务应在当前科学技术条件下有明确度量的指标，并且可以通过监测数据直接测量或通过模拟计算获取。

7）实际发生性原则，是指纳入评估的生态系统服务应是生态系统实际为人类提供的服务，而潜在的服务不予评估。

8）非危害性原则，是指纳入评估的生态系统服务应对生态系统自身功能有益或无害，可能对生态系统自身承载力产生危害的服务不予评估。

2.3　指标体系

1997 年，Costanza 等首次对全球生态系统服务进行了评估，并提出了包括 17 个评估指标的生态系统服务分类（Costanza et al.，1997）。2001 年，联合国发起千年生态系统评估，又将生态系统服务归纳为供给服务、调节服务、文化服务和支持服务四个功能类别（Millennium Ecosystem Assessment，2005）。此后，生物多样性和生态系统服务经济价值评估（TEEB）和环境与经济综合核算体系试验性生态系统账户（SEEA-EEA）等又在千年生态系统评估（MA）核算框架的基础上形成了新的核算体系。我国在充分借鉴国际核算经验的基础上，对中国生态系统服务评估指标体系进行了积极探索，先后发布了《海洋生态资本评估技术导则》（GB/T 28058—2011）、《荒漠生态系统服务评估规范》（LY/T 2006—2012）、《森林生态系统服务功能评估规范》（GB/T 38582—2020）等，推动了森林、海洋、荒漠等生态系统服务的评估进程。欧阳志云等（2013）、谢高地等（2015）、刘纪远等（2016）、傅伯杰等（2017）先后构建了中国生态系统服务评估指标体系。

流域是由水资源、土地资源、生物资源等自然要素与社会、经济等人文要素组成的复合生态系统，其生态系统服务评估也受到了国内外学者的广泛重视（Huang et al.，2010；Jujnovsky et al.，2012；王大尚等，2014；杨文杰等，2018）。本研究在系统总结当前生态系统服务评估指标体系的基础上，充分考虑了辽河保护区自然资源状况和水环境特征，以服务于生态系统管理和相关绩效考核为目标，研究建立了可反映保护区水质、水量和生态系统状况的生态资源资产评估指标体系（表 2-1）。

表 2-1 辽河保护区生态资源资产评估指标体系

功能类别	评估科目		表征指标
	一级科目	二级科目	
产品供给	水资源供给	水资源量	地表水资源供给量
		水环境质量	污染物当量
水文调节	水源涵养	水源涵养	水源涵养量
侵蚀控制	土壤保持	减少入河泥沙	减少入河泥沙量
		土壤养分保持	减少氮、磷、钾流失量
气候调节	生态系统固碳	生态系统固碳	净生态系统生产力
物种保育	物种保育更新	生境质量	生境质量
		物种丰度	物种数量
		珍稀濒危等级	濒危特有级别
精神文化服务	休憩服务	旅游观光	旅行人流量

2.4 评估框架

2.4.1 评估范围

本研究的评估范围为辽河保护区全境，面积为 1 869.2 km²。为分析辽河流域土地利用对保护区生态环境的影响，本研究根据流域水系特征、辽河干流和主要支流控制断面设置情况等对辽河流域进行了控制单元划分，共划分为福德店、三合屯、珠尔山、马虎山、巨流河大桥、红庙子、曙光大桥和赵圈河 8 个控制单元，保护区内为相应控制段（图 2-1，表 2-2）。福德店控制单元位于东、西辽河汇合口，主要支流为东辽河和西辽河；三合屯控制单元的主要支流为八家子河和招苏台河；珠尔山控制单元的主要支流为亮子河、清河、柴河、王河、中固河、长沟河、凡河和拉马河；马虎山控制单元的主要支流为长河、万泉河、左小河、三面船乡小河；巨流河大桥控制单元的主要支流为养息牧河、秀水河；红庙子控制单元的主要支流为柳河和付家窝堡排干；曙光大桥控制单元地处辽河下游地区，有小柳河、一统河、螃蟹沟、太平河汇入；赵圈河控制单元地处辽河入海口地区，主要支流为绕阳河、清水河等。

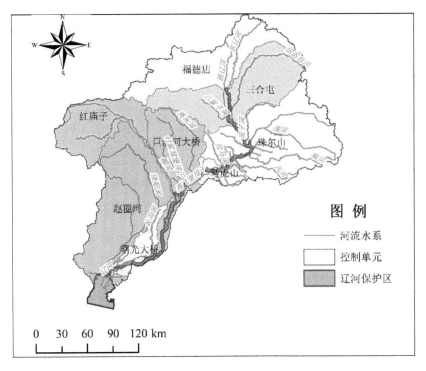

图 2-1　辽河流域各控制单元空间分布

表 2-2　辽河流域各控制单元基本信息

控制单元名称	主要支流	涉及县（市、区、旗）	控制单元面积/km²	控制段面积/km²
福德店	东辽河、西辽河	科尔沁左翼后旗、梨树县、双辽市、昌图县	7 085.51	7.71
三合屯	八家子河、招苏台河	昌图县、康平县	8 229.69	110.06
珠尔山	亮子河、清河、柴河、王河、中固河、长沟河、凡河、拉马河	银州区、昌图县、开原市、清河区、调兵山市、铁岭县、西丰县、法库县	10 822.66	214.78
马虎山	长河、万泉河、左小河、三面船乡小河	铁岭县、沈北新区、法库县	1 131.01	103.83
巨流河大桥	养息牧河、秀水河	彰武县、康平县、法库县、新民市	4 247.31	88.89
红庙子	柳河、付家窝堡排干	新民市、辽中区、台安县、彰武县、阜新市、盘山县	6 769.96	423.91
曙光大桥	小柳河、一统河、螃蟹沟、太平河	新民市、辽中区、台安县、双台子区、兴隆台区、大洼区、盘山县	1 726.71	80.47
赵圈河	绕阳河、清水河	大洼区、盘山县、凌海市、北镇市、黑山县、阜新蒙古族自治县、彰武县	11 194.11	839.57

2.4.2　评估时限

以 2010 年为基准年，对 2013 年、2015 年和 2018 年辽河保护区生态资源资产进行评估，并分析时空动态变化特征。

2.4.3　评估方案

参与辽河保护区生态资源资产评估的生态系统类型包括林地、草地、农田、湿地、水体，具体的评估指标见表 2-3。为了消除气象因素波动的影响，采用 2010—2018 年平均气象数据进行实物量估算；为了消除通货膨胀的影响，采用 2010 年不变价进行价值量估算。

表 2-3　辽河保护区各生态系统类型的生态资源资产评估指标

功能类别	评估科目	林地	草地	农田	湿地	水体
产品供给	水资源供给					√
水文调节	水源涵养	√	√	√	√	
侵蚀控制	土壤保持	√	√	√	√	
气候调节	生态系统固碳	√	√	√	√	
物种保育	物种保育更新	√	√	√	√	√
精神文化服务	休憩服务			√		

2.5　评估方法

2.5.1　水资源供给

水资源供给服务评估对象为满足一定水质标准的河流水资源量，包括河流水资源量和水环境质量两部分。

2.5.1.1　实物量估算

河流水资源量是基于辽河干流各水文站和监测断面的水量监测数据来确定；水环境质量采用监测断面的污染物实际浓度相对于目标浓度的差值进行估算，并以污染当量作为表征指标，其中污染物指标选取化学需氧量、五日生化需氧量、氨氮 3 项，水质目标浓度参考辽河保护区各断面水质考核目标设定的《地表水环境质量标准》（GB 3838—2002）中Ⅳ类水体对应的污染物浓度指标。监测断面各月污染当量计算公式为（刘尹等，2019）

$$D_i = \sum_{r=1} \frac{[C_0(r) - C_i(r)] \times W_i \times 10^{-3}}{L_r} \qquad (2\text{-}1)$$

式中，D_i —— 第 i 个监测断面的污染当量，量纲一；

    $C_0(r)$ —— 第 r 项污染物的目标浓度，mg/L；

    $C_i(r)$ —— 第 i 个监测断面第 r 项污染物浓度，mg/L；

    W_i —— 流经第 i 个监测断面的河流水资源量，m³；

    L_r —— 第 r 项污染物污染当量值，kg，取值源自《中华人民共和国环境保护税法》，
        化学需氧量、五日生化需氧量、氨氮对应的数值分别为 1 kg、0.5 kg 和
        0.8 kg。

D 为正值时表明水环境质量符合Ⅳ类水体的目标要求，为负值时表明至少 1 项污染物浓度高于目标浓度，未达到Ⅳ类水体的目标要求。

辽河保护区逐月水质和水量数据源自原辽宁省辽河凌河保护区管理局信息和《中国河流泥沙公报》。为了提高数据的代表性和评估结果的准确性，若水质监测断面所在区域及附近无水量监测数据时不参与分析，水文站点和水质监测断面具体选取情况见表 2-4。

表 2-4　辽河保护区水文站点和水质监测断面选取情况

区域简称	水文站	水质监测断面
福德店	福德店	福德店
三合屯	通江口	三合屯
马虎山	马虎山	马虎山
珠尔山	—	珠尔山
红庙子	辽中	红庙子
六间房	六间房	—

2.5.1.2　价值量估算

水资源供给服务价值量采用市场价值法和环境恢复成本法进行估算（秦长海等，2012；李晓星等，2018）。其中，单位水资源价格取值依据为《辽宁省人民政府关于调整水资源费征收标准的通知》中的地表水取水征收标准，非居民取水费用为 0.5 元/m³；水环境质量价值量采用实际水质相对于目标水质的差值污染当量处理成本进行估算，即按照现行的治理技术和水平去除差值污染当量所需要的费用（王艳等，2006），取值依据为 2017 年《辽宁省人民代表大会常务委员会关于批准辽宁省应税大气污染物和水污染物环境保护税适用税额方案的决议》中的规定，2018—2019 年辽宁省应税水污染物的具体适用税额为每污染当量 1.4 元。

2.5.2 水源涵养

水源涵养是指生态系统通过其特有的结构，对降水进行截留、渗透、蓄积，并通过蒸（散）发实现对水流、水循环的调控，主要表现在缓和地表径流、补充地下水、减缓河流流量的季节波动、滞洪补枯、保证水质等方面（李金昌，1999；赵同谦等，2004；张彪等，2009）。

2.5.2.1 实物量估算

综合考虑数据的可获性和方法的全面性，本研究采用水量平衡法进行辽河保护区水源涵养服务估算，即

$$W = \sum_i \left(P_i - R_i - E_i \right) \times A_i \times 10^{-3} \tag{2-2}$$

式中，W——研究区水源涵养量，m^3；

P_i——第 i 个像元的年降水量，mm；

R_i——第 i 个像元的年地表径流量，mm；

E_i——第 i 个像元的年蒸（散）发量，mm；

A_i——第 i 个像元的面积，km^2。

（1）地表径流量

采用 SCS 曲线法进行估算，该方法是美国农业部水土保持局于 1954 年开发的流域水文模型（Williams et al.，1976），能够客观反映土壤类型、土地利用方式及前期土壤含水量对降雨径流的影响，模型结构简单、所需要的输入参数少。SCS 径流曲线方程为

$$Q = \frac{(R_{\text{day}} - I_a)^2}{(R_{\text{day}} - I_a + S)} \tag{2-3}$$

式中，Q——地表径流量，mm；

R_{day}——某天的降水量，mm；

I_a——初损量，mm，包含产流前的地面填洼量、植物截留量和下渗量，通常近似为 $0.2S$；

S——土壤最大滞留量，mm。

将 I_a 替换为 $0.2S$，则得到 SCS 曲线方程的一般形式为

$$Q = \begin{cases} \dfrac{(R_{\text{day}} - 0.2S)^2}{(R_{\text{day}} + 0.8S)} & R_{\text{day}} > 0.2S \\ 0 & R_{\text{day}} < 0.2S \end{cases} \tag{2-4}$$

S 与土壤类型、前期土壤含水量和地表覆被条件有关，通过产流参数 CN（curve number）进行计算，即

$$S = \frac{25\,400}{\text{CN}} - 254 \qquad (2\text{-}5)$$

CN 反映了降雨前下垫面地表特征，需要根据土壤前期湿润程度、坡度、土壤类型和土地利用现状等进行综合推算。

CN 值越大，S 值越小，越容易产生地表径流；反之，则相反。SCS 模型根据土壤的渗透性能划分为 A、B、C、D 4 种土壤水文类型，渗透性依次递减（郝芳华等，2006），具体见表 2-5。本研究首先根据辽河保护区土壤水文性质将土壤类型划分为 A、B、C、D 4 类，再对植被覆盖度和土地覆被类型进行重新分类，最后确定各类型对应的 CN 值（表 2-6）。

表 2-5　SCS 模型土壤水文类型的划分标准

类型	土壤水文性质	最小下渗率/（mm/h）
A	厚层沙、厚层黄土、团粒化粉砂土	7.26～11.73
B	薄层黄土、沙壤土	3.81～7.26
C	黏壤土、薄层砂壤土、黏质含量高的土壤	1.27～3.81
D	吸水后显著膨胀的土壤、塑性黏土、某些盐渍土	0～1.27

表 2-6　CN 取值表

土地覆被类型	植被覆盖分级	A	B	C	D
林地	≤50%	45	66	77	83
	50%～75%	36	60	73	79
	>75%	30	55	70	77
草地	≤50%	68	79	86	89
	50%～75%	49	69	79	84
	>75%	39	61	74	80
农田	≤50%	72	81	88	91
	>50%	67	78	85	89
湿地	≤50%	49	69	79	84
	>50%	49	69	79	84
水体	—	92	92	92	92

（2）蒸（散）发量

Budyko 假设认为，流域实际蒸（散）发量受水分供应条件（用降水量表征）和能量供给条件[用潜在蒸（散）发量表征]的共同限制，流域降水和潜在蒸（散）发量之间存在耦合平衡关系，并由此提出了水热耦合平衡方程的一般形式（Budyko，1974）。此后，很多学者又进一步提出了考虑下垫面因素的 Budyko 修正模型。本研究则采用 Budyko 修正模型计算实际蒸（散）发量（Zhang et al.，1999），即

$$ET = \frac{P\left(1 + \omega\dfrac{PET}{P}\right)}{1 + \omega\dfrac{PET}{P} + \left(\dfrac{PET}{P}\right)^{-1}} \tag{2-6}$$

式中，ET——实际蒸（散）发量，mm；

　　　　P——降水量，mm；

　　　　PET——潜在蒸（散）发量，mm；

　　　　ω——植物可利用水分系数。

潜在蒸（散）发量采用联合国粮农组织 1998 年修正的 Penman-Monteith 模型进行计算，公式为

$$PET = \frac{0.408 \times \Delta(R_n - G) + \gamma\dfrac{900}{T+273}U_2(e_s - e_a)}{\Delta + \gamma(1 + 0.34 \times U_2)} \tag{2-7}$$

式中，PET——潜在蒸（散）发量，mm；

　　　　R_n——净辐射，MJ/（m²·d）；

　　　　G——土壤热通量，MJ/（m²·d）；

　　　　γ——干湿常数，kPa/℃；

　　　　Δ——饱和水汽压曲线斜率，kPa/℃；

　　　　U_2——2 m 高处的风速，m/s；

　　　　e_s——平均饱和水汽压，kPa；

　　　　e_a——实际水汽压，kPa；

　　　　T——平均气温，℃。

国内外许多学者通过实测数据发现总辐射和净辐射之间存在良好的线性关系，因此，本研究根据净辐射—总辐射的经验关系确定净辐射量（任鸿瑞等，2006），即

$$R_n = \begin{cases} 0.587 \times Q - 0.101 & 12月－次年2月 \\ 0.610 \times Q - 1.054 & 3－5月 \\ 0.502 \times Q - 2.396 & 6－8月 \\ R0.710 \times Q - 1.065 & 9－11月 \end{cases} \tag{2-8}$$

式中，R_n——日净辐射量，MJ/（m²·d）；

　　　　Q——日总辐射量，MJ/（m²·d）。

土壤热通量 G 根据当月和上月的平均气温确定，即

$$G = 0.14 \times (T_i - T_{i-1}) \tag{2-9}$$

式中，T_i——第 i 月的平均气温，℃；

T_{i-1}——第 $i-1$ 月的平均气温，℃。

干湿常数的计算公式为

$$\gamma = \frac{C_p P}{\xi \lambda} \tag{2-10}$$

式中，C_p——标准大气压下的特定热量值，MJ/（kg·℃），取值为 1.013×10^{-3}；

ξ——水蒸气和干空气的分子质量比，取值为 0.622；

P——大气压，kPa；

λ——汽化潜热，MJ/kg。

大气压的计算公式为

$$P = 101.0 \times \left(\frac{293 - 0.006\,5 \times h}{293}\right)^{5.26} \tag{2-11}$$

式中，h——海拔高度，m。

饱和水汽压曲线斜率的计算公式为

$$\Delta = \frac{4\,098 \times \left[0.610\,8 \times \exp\left(\frac{17.27 \times T}{T + 237.3}\right)\right]}{(T + 237.3)^2} \tag{2-12}$$

式中，T——平均气温，℃。

平均饱和水汽压计算公式为

$$e_s = 0.610\,8 \times \frac{\exp\left(\frac{17.27 \times T_{max}}{T_{max} + 237.3}\right) + \exp\left(\frac{17.27 \times T_{min}}{T_{min} + 237.3}\right)}{2} \tag{2-13}$$

式中，T_{max}——最高气温，℃；

T_{min}——最低气温，℃。

实际水汽压根据平均饱和水汽压和平均相对湿度确定，计算公式为

$$e_a = \frac{e_s \mathrm{RH}}{100} \tag{2-14}$$

式中，RH——平均相对湿度，%。

2.5.2.2　价值量估算

本研究利用原国家林业局发布的《森林生态系统服务功能评估规范》（LY/T 1721—2008）中的方法进行水源涵养服务价值量估算，并调整至 2010 年不变价，取值为 6.18 元/m³。

2.5.3 土壤保持

土壤保持是指生态系统通过植被层和枯枝落叶层减缓降水对表土的侵蚀，通过根系固持土壤，以达到减少泥沙淤积和保持土壤养分的能力。

2.5.3.1 实物量估算

本研究利用潜在土壤侵蚀量与实际土壤侵蚀量的差值来表征土壤保持，并采用修正土壤流失方程（RUSLE）（Renard et al.，1991）进行估算，计算公式为

$$M = R \times K \times L \times S \times C \times P \qquad (2\text{-}15)$$

式中，M——实际土壤侵蚀量，t/（hm²·a）；

  R——平均降雨侵蚀力因子，MJ·mm/（hm²·h）；

  K——土壤可蚀性因子，t·h/（MJ·mm）；

  L——坡长因子，量纲一；

  S——坡度因子，量纲一；

  C——植被覆盖因子，量纲一；

  P——水土保持因子，量纲一，本研究设为 1。

潜在土壤侵蚀量（M_p）计算公式为

$$M_p = R \times K \times L \times S \times C_p \times P \qquad (2\text{-}16)$$

式中，C_p——潜在最大植被覆盖因子，本研究取值为 0.7。

按照我国主要流域的泥沙运动规律，全国土壤侵蚀流失的泥沙约有 24% 淤积于水库、江河、湖泊，本研究利用这一比例估算辽河保护区土壤保持减少的泥沙淤积量，即

$$Q_{ds} = (M_p - M) \times 24\% / \rho \qquad (2\text{-}17)$$

式中，Q_{ds}——生态系统减少的泥沙淤积量，m³；

  ρ——土壤容重，t/m³。

土壤养分保持量为

$$Q_{dn} = Q_{sr} \times C_{sn} \qquad (2\text{-}18)$$

式中，Q_{dn}——土壤养分保持量，t；

  Q_{sr}——土壤保持量，t；

  C_{sn}——土壤有机质、N、P 或 K 含量。

（1）降雨侵蚀力因子

降雨侵蚀力因子反映雨滴击溅和径流冲刷引起土壤侵蚀的潜在能力，计算公式（章文波等，2002）为

$$\overline{R} = \sum_{k=1}^{24} R_{\text{半月}k} \tag{2-19}$$

$$\overline{R_{\text{半月}k}} = \frac{1}{N} \sum_{i=1}^{N} \sum_{j=1}^{m} \left(\alpha \times P_{i,j,k}^{1.7265} \right) \tag{2-20}$$

式中，$\overline{R}$ —— 平均降雨侵蚀力，MJ·mm/（hm²·h）；

　　　$R_{\text{半月}k}$ —— 第 k 个半月的降雨侵蚀力，MJ·mm/（hm²·h）；

　　　$P_{i,j,k}$ —— 第 i 年第 k 个半月第 j 日侵蚀性降水量，mm，即日降水量不小于 12 mm；

　　　i、j、k —— 分别表示年、日和半月；

　　　α —— 参数，暖季时取值为 0.393 7，冷季时取值为 0.310 1。

（2）土壤可蚀性因子

土壤可蚀性因子反映土壤抵抗雨滴打击分离土壤颗粒和径流冲刷的能力，是影响土壤侵蚀的内在因素。本研究采用 Williams 等（1984）提出的修正土壤可蚀性因子进行计算，即

$$K = \left\{ 0.2 + 0.3 \times \exp\left[-0.0256 \times S_a \times \left(1 - \frac{S_i}{100} \right) \right] \right\} \times \left(\frac{S_i}{C_i + S_i} \right)^{0.3}$$
$$\times \left[1.0 - \frac{0.25 \times C}{C + \exp(3.72 - 2.95 \times C)} \right] \times \left[1.0 - \frac{0.7 \times S_n}{S_n + \exp(-5.51 + 22.9 \times S_n)} \right] \tag{2-21}$$

式中，K —— 土壤可蚀性因子，t·h/（MJ·mm）；

　　　S_a —— 砂粒（2～0.05 mm）含量，%；$S_n = 1 - S_a/100$；

　　　S_i —— 粉砂（0.05～0.002 mm）含量，%；

　　　C_i —— 黏粒（<0.002 mm）含量，%；

　　　C —— 有机碳含量，%。

（3）坡长因子

坡长因子是指降雨、土壤和水土保持措施等条件一致的情况下，某一坡长的土壤流失量与坡长为 22.13 m（标准单位小区的长度）时的土壤流失量之比，计算方法为

$$L = \left(\frac{\lambda}{22.13} \right)^m \tag{2-22}$$

式中，L —— 坡长因子；

　　　λ —— 坡长，m；

　　　m —— 坡长指数。

m 的计算公式为

$$m = \begin{cases} 0.2 & \theta \leqslant 1° \\ 0.3 & 1° < \theta \leqslant 3° \\ 0.4 & 3° < \theta \leqslant 5° \\ 0.5 & \theta > 5° \end{cases} \tag{2-23}$$

式中，θ——坡度，(°)。

（4）坡度因子

坡度因子是指降雨、土壤、坡长和水土保持措施等条件一致的情况下，某一坡度的单位面积土壤流失量与标准小区坡度的单位面积土壤流失量之比，计算方法为

$$S = \begin{cases} 10.8\sin\theta + 0.03 & \theta < 5° \\ 16.8\sin\theta - 0.5 & 5° \leqslant \theta < 10° \\ 21.9\sin\theta - 0.03 & \theta \geqslant 10° \end{cases} \tag{2-24}$$

式中，S——坡度因子；

θ——坡度，(°)。

（5）植被覆盖因子

植被覆盖因子反映生态系统对土壤侵蚀的影响，是控制土壤侵蚀的积极因素，取值见表 2-7。农田生态系统中水田取值为 0，水浇地和旱地按以下公式计算

$$C = 0.221 - 0.595\log \text{FVC} \tag{2-25}$$

式中，C——植被覆盖因子；

FVC——水浇地或旱地的植被覆盖度。

表 2-7　不同生态系统植被覆盖因子赋值表

生态系统类型	植被覆盖度/%					
	<10	10~30	30~50	50~70	70~90	>90
林地	0.10	0.08	0.06	0.020	0.004	0.001
灌木林	0.40	0.22	0.14	0.085	0.040	0.011
草地	0.45	0.24	0.15	0.090	0.043	0.011
湿地	0.45	0.24	0.15	0.090	0.043	0.011

2.5.3.2　价值量估算

土壤保持服务价值量按照费用支出法估算，其中，生态系统减少泥沙淤积价值量为

$$V_{ds} = Q_{ds} \times C_{ds} \tag{2-26}$$

式中，V_{ds}——生态系统减少泥沙淤积的价值量，元；

Q_{ds}——生态系统减少泥沙淤积量，m^3；

C_{ds}——挖取单位体积土方费用，元/m^3，取自原水利部发布的《水利建筑工程预算定额》。

生态系统减少养分流失的价值量根据相应肥料价值估算，计算公式为

$$V_{dni}=Q_{dni} \times P_{dn}/C_i \qquad (2\text{-}27)$$

式中，V_{dni}——生态系统减少养分 i 流失的价值量，元；

Q_{dni}——生态系统减少养分 i 的流失量，t；

P_{dn}——化肥市场价格，元/t，来源于原农业部全国农技推广中心土肥处统计资料和"中国农业信息网"，其中，有机质采用复合肥价格进行换算，N 和 P 采用磷酸二铵化肥价格进行换算（氮肥折纯比为 14.00%，磷肥折纯比为 15.01%），K 采用氯化钾化肥价格进行换算（钾肥折纯比为 50.00%）；

C_i——化肥中养分 i 的含量，%。

2.5.4　生态系统固碳

陆地生态系统通过植物光合作用将大气中的 CO_2 转化为有机质（总初级生产力，gross primary productivity，GPP），又通过呼吸作用将一部分有机质转化为 CO_2 释放到大气中（生态系统呼吸量，ecosystem respiration，R_e），在不受自然和人为因素干扰情况下，可以用二者的差值（净生态系统生产力，net ecosystem productivity，NEP）表征生态系统固碳服务。对于农田生态系统，农作物的收获会将一部分碳从生态系统中移除，由于秸秆还田政策的实施，又会将部分碳返回到生态系统，两者的差值需要在核算时进行相应核减。水田和湿地还会向大气释放甲烷（CH_4），引起的碳流失同样需要相应核减。

2.5.4.1　实物量估算

基于各生态系统的碳收支过程，本研究利用以下方法进行辽河保护区生态系统固碳服务估算，即

$$C_e = GPP - R_e - CR_C + HC - CR_{CH_4} \qquad (2\text{-}28)$$

式中，C_e——辽河保护区生态系统固碳量，g C/m^2；

GPP——总初级生产力，g C/m^2；

R_e——生态系统呼吸量，g C/m^2；

CR_C——农作物收获引起的碳损失，g C/m^2；

HC——通过秸秆还田返回生态系统的碳量，g C/m^2；

CR_{CH_4}——CH_4 释放引起的碳损失，g C/m^2。

（1）GPP

本研究利用 VPM 模型来模拟 GPP 的变化，其模型表达式为（Xiao et al.，2004）

$$GPP = \varepsilon_0 \times T_{scalar} \times W_{scalar} \times P_{scalar} \times FPAR_{PAR} \times PAR \tag{2-29}$$

式中，ε_0 —— 最大光能利用率，g C/mol；

T_{scalar}、W_{scalar} 和 P_{scalar} —— 分别为温度、水分和物候因子对 ε_0 的影响，量纲一；

$FPAR_{PAR}$ —— 植被光合有效成分吸收的光合有效辐射占总光合有效辐射的比例，%；

PAR —— 光合有效辐射，mol/（m²·d）；

ε_0 —— 模型参数，其中，林地、旱地的模型参数来源于 Wang 等（2010）研究，草地的模型参数来源于 Liu 等（2011）研究，水田的模型参数来源于费敦悦等（2018）研究，湿地的模型参数来源于王建波（2013）研究。

T_{scalar} 的计算公式为（Raich et al.，1991）

$$T_{scalar} = \frac{(T - T_{min})(T - T_{max})}{[(T - T_{min})(T - T_{max})] - (T - T_{opt})^2} \tag{2-30}$$

式中，T —— 8 d 平均气温，℃；

T_{min}、T_{max} 和 T_{otp} —— 分别为光合作用最低气温、最高气温和最适气温；如果气温低于光合作用最低气温，则 T_{scalar} 设为 0。

该研究中 T_{min} 和 T_{max} 来源于 Wu 等（2009）研究，T_{opt} 来源于崔耀平等（2012）研究，数值分别为 0℃、35℃、22.19℃。

W_{scalar} 的计算公式为（Xiao et al.，2004）

$$W_{scalar} = \frac{1 + LSWI}{1 + LSWI_{max}} \tag{2-31}$$

式中，LSWI —— 陆地表面水分指数；

$LSWI_{max}$ —— 各栅格 LSWI 的最大值。

LSWI 的计算公式为（Xiao et al.，2004）

$$LSWI = \frac{\rho_{nir} - \rho_{swir}}{\rho_{nir} + \rho_{swir}} \tag{2-32}$$

式中，ρ_{nir} 和 ρ_{swir} —— 分别为近红外和短波红外波段反射率。

P_{scalar} 分两个阶段进行计算，在植物从发芽到叶子全部展开期间计算公式为（Xiao et al.，2004）

$$P_{scalar} = \frac{1 + LSWI}{2} \tag{2-33}$$

叶子全部展开后取值为 1。草地、水田和湿地在生长季大部分时间都有新叶产生，并且生长季后期主要是冠层上部的叶子截获光合有效辐射，因此，P_{scalar} 在整个生长季取值为 1。

FPAR$_{PAR}$ 的计算公式为（Xiao et al.，2004）

$$FPAR_{PAV} = a \times EVI \tag{2-34}$$

式中，EVI——增强型植被指数；

　　　a——经验系数，取值为 1。

EVI 的计算公式为（Huete et al.，2002）

$$EVI = G \times \frac{\rho_{nir} - \rho_{red}}{\rho_{nir} + (C_1 \times \rho_{red} - C_2 \times \rho_{blue}) + L} \tag{2-35}$$

式中，ρ_{nir}、ρ_{red}、ρ_{blue}——分别为近红外波段、红波段、蓝波段的反射率；

　　　G、C_1、C_2、L——常量，取值分别为 2.5、6.0、7.5、1。

（2）R_e

本研究利用 ReRSM 模型来模拟 R_e 的变化，其模型表达式为（Gao et al.，2015）

$$R_e = \alpha \times GPP + R_{ref} \times e^{E_0 \times \left(\frac{1}{61.02} - \frac{1}{T + 46.02}\right)} \tag{2-36}$$

式中，α——GPP 以生态系统呼吸形式释放的比例；

　　　R_{ref}——在参考温度为 288.15 K（约 15℃）下 GPP 为 0 时的生态系统呼吸量，
　　　　　　　g C/（m²·d）；

　　　E_0——类似活化能的参数，K。

林地、草地生态系统的 α、R_{ref} 和 E_0 的数值来源于 Gao 等（2015）研究，其他生态系统类型可利用与辽河保护区相近纬度的通量站点观测数据拟合得到。

（3）CR$_C$

本研究基于农作物收获指数来评估农作物收割引起的碳损失，计算公式（朱先进等，2014）为

$$CR_C = \sum_{i=1}^{n} \left\{ Y_i \times (1 - C_{w_i}) \div HI_i \right\} \times C_{Ci} \tag{2-37}$$

式中，Y_i——单位面积农产品产量；

　　　C_{w_i}——含水量；

　　　HI_i——收获指数；

　　　C_{Ci}——含碳系数；

　　　i——不同农作物；

　　　n——农作物种类个数。

辽河保护区主要旱地作物为玉米，主要水田作物为水稻，考虑辽河干流两岸滩地土壤肥力相对较低，因此，单位面积玉米产量取值为 300 kg/（亩·a），水稻可利用 2010 年辽宁省水稻产量与水稻面积的比值进行计算得到。收获指数来源于谢光辉等（2011）研究，含水量和含碳系数来源于朱先进等（2014）研究。

（4）HC

假设旱地全部秸秆还田，水田秸秆还田率为 0.3，那么，旱地通过秸秆还田返回生态系统的碳为 169.27 g C/（m²·a），水田为 158.66 g C/（m²·a）。

（5）CR_{CH_4}

水田和湿地由于甲烷释放引起的碳损失量源自 Chen 等（2013）研究。

（6）总体评估

本研究在计算 GPP 和 R_e 时，时间长度为 8 d，再汇总为全年的数值，其他数值为年值。

2.5.4.2 价值量估算

本研究利用固碳成本法进行生态系统固碳服务价值量估算。研究表明，2007 年辽宁省固碳成本为 1 013.75 元/t（仲伟周，2012），在此基础上利用辽宁省居民消费价格指数获取 2010 年辽宁省固碳成本，数值约为 1 016.51 元/t。

2.5.5 物种保育更新

物种保育更新服务的估算对象为辽河保护区野生动物物种和植物物种。其中，野生动物物种主要包括哺乳类、爬行类、两栖类、淡水鱼类、鸟类等；野生植物物种主要为维管束植物。

2.5.5.1 实物量估算

生态系统可视为能量系统，系统各组分的关系和结构功能可通过能量等级阶层体现，不同等级组分的能量具有不同的能值，但均始于太阳能。本研究利用能值理论，同时考虑物种特有、濒危、保护等级等进行物种保育更新服务评估，计算公式为

$$U = r \times \delta \times \left(N + 0.1 \sum_{i=1}^{m} A_i \times N_{1i} + 0.1 \sum_{j=1}^{n} B_j \times N_{2j} + 0.1 \sum_{k=1}^{z} C_k \times N_{3k} \right) \times \tau \times \theta \qquad (2\text{-}38)$$

式中，U——物种保育更新服务的能值量；

r——物种更新率；

δ——生境质量调整系数；

N——研究区物种数量；

A_i——中国特有种不同等级指数；

N_{1i}——中国特有种不同等级的物种数量；

B_j——IUCN（世界自然保护联盟）不同濒危等级指数；

N_{2j}——IUCN 不同濒危等级的物种数量；

C_k——不同保护等级指数；

N_{3k}——不同保护等级的物种数量；

θ——行政区面积占地球表面积的比重；

τ——单个物种的能值转换率；

i——中国特有种不同等级；

j——IUCN 不同濒危等级；

k——不同保护等级；

m——中国特有种等级个数；

n——IUCN 濒危等级个数；

z——保护等级个数，当同一物种属于多个等级时，只取最高等级值。

（1）生境质量调整系数

生境质量是指环境为个体或种群的生存提供适宜的生产条件的能力。生境质量由两个因素决定：①生境适宜度，取值范围为 0～1，1 表示该生境具有最高适宜度，相反非生境取值为 0；②生境退化度。

生境质量（Q_{xj}）采用 InVEST 模型计算，即

$$Q_{xj} = H_j \left[1 - \left(\frac{D_{xj}^z}{D_{xj}^z + k^z} \right) \right] \tag{2-39}$$

式中，H_j——地类 j 的生境适宜度；

　　　D_{xj}——地类 j 中栅格 x 的生境退化度；

　　　k——半饱和常数，即退化度最大值的一半；

　　　z——模型默认参数。

人类活动对生境产生的影响可通过生境退化度来体现，即威胁源引起的生境退化程度。本研究将旱地、交通用地、建筑用地和采矿用地定义为生境威胁源。生境退化度由 5 个因素决定：不同威胁源权重（ω_r）、威胁源强度（r_y）、威胁源对生境产生的影响（i_{cxy}）、生境抗干扰水平（β_x）以及每种生境对不同威胁源的相对敏感程度（S_{jr}）。5 个影响因素的取值皆为 0～1。生境退化度的计算公式为

$$D_{xy} = \sum_{r=1}^{R} \sum_{y=1}^{Yr} \left(\frac{\omega_r}{\sum\limits_{r=1}^{R} \omega_r} \right) \times r_y \times i_{rxy} \times \beta_x \times S_{jr} \tag{2-40}$$

$$i_{rxy} = 1 - \left(\frac{d_{xy}}{d_{r_{max}}} \right) \qquad (2\text{-}41)$$

式中，r——生境的威胁源；

y——威胁源 r 中的栅格；

d_{xy}——栅格 x（生境）与栅格 y（威胁源）的距离；

$d_{r_{max}}$——威胁源 r 的影响范围。

模型中涉及的主要参数包括威胁源的影响范围及其权重、生境适宜度及生境对不同威胁源的相对敏感程度，数值来源于模型推荐的参考值，具体见表 2-8 和表 2-9。

表 2-8   威胁源的影响范围及其权重

威胁源	最大影响距离	权重	威胁源类型
旱地	1	0.7	线性
交通用地	2	0.8	指数型
建筑用地	2	0.8	指数型
采矿用地	6	1	指数型

表 2-9   生境适宜度及生境对不同威胁源的相对敏感程度

土地编码	名称	生境	旱地	建筑用地	交通用地	采矿用地
1	坑塘水面	1	0.7	0.7	0.8	0.7
2	采矿用地	0	0	0	0	0
3	沿海滩涂	1	0.5	0.6	0.85	0.6
4	内陆滩涂	0.7	0.8	0.9	0.7	0.6
5	交通用地	0	0	0	0	0.3
6	河流	1	0.8	0.6	0.85	0.7
7	水田	0.5	0	0	0.85	0.3
8	居住地	0	0	0	0.6	0.8
9	草地	1	0.7	0.3	0.4	0.5
10	旱地	0.4	0	0	0.6	0.4
11	阔叶林地	1	0.7	0.65	0.5	0.6
12	灌木林地	1	0.5	0.5	0.4	0.6
13	水浇地	0.4	0	0.6	0.6	0.4
14	沟渠	0	0	0	0	0.2
15	其他林地	1	0.7	0.6	0.1	0.6

（2）物种的赋值方法

参考王兵等（2012）的赋值方法，对不同等级的濒危、特有、保护物种进行赋值。具体如下：①IUCN 濒危物种级别赋值标准：极危 4 分、濒危 3 分、易危 2 分、接近受危 1 分；②国家重点保护野生物种赋值标准：国家 I 级 4 分、国家 II 级 3 分；③濒危野生动植物种国际贸易公约（CITES）附录濒危物种赋值标准：CITES 附录 I 的物种为 4 分、CITES 附录 II 的物种为 3 分、CITES 附录III的物种为 2 分；④地方重点保护物种等级赋值为 3 分；⑤中国特有物种赋值标准：仅限于某个陆地分布的分类群为 2 分。

（3）物种能值转换率

根据 Ager 的估计，在 $2×10^9$ 年的地质进化历史中有 $1.5×10^9$ 个物种，应用地球生物圈年能值基准值（Odum et al.，1996），可计算出地球单个物种的能值大小，计算公式如下：

$$\tau = \frac{E_t}{m/a} \times \theta \tag{2-42}$$

式中，τ——每个物种的能值转换率，sej/种；

　　　E_t——地球生物圈年能值基准值，sej；

　　　m——历史中物种形成数量，种；

　　　a——地质年代的时间，a；

　　　θ——辽河保护区面积占地球表面积的比值。

结果表明，辽河保护区物种的能值转换率为 $1.58×10^{20}$ sej/种。

2.5.5.2　价值量估算

能值货币比率是描述一个区域单位货币的能值当量，由一个国家能值利用总量除以当年的国内生产总值（GDP）求得，本研究所用能值货币比率来源于张林波等（2019）研究，取值为 $6.05×10^{11}$ sej/元。

2.5.6　休憩服务

目前，休憩服务价值评估较为流行和成熟的方法主要有旅行费用模型（travel cost model，TCM）、条件价值法（contingent valuation method，CVM）、享乐价格模型（hedonic price modelling，HPM）等。其中，应用最广泛的为 TCM，该模型由美国学者 Clawson 于 1959 年创立，1964 年 Kentsch 对其进行了修改和完善（Clawson et al.，1966），20 世纪 80 年代后得到广泛应用。TCM 是一种非市场化的方法，其目的是使用相关市场的消费行为对休闲场所的景观价值进行评估，通过研究旅行人次和旅行费用之间的关系建立旅游需求曲线（Hoyos et al.，2013；徐宏，2013）。该模型使用实际发生的旅行样本数据进行分析，随着旅行距离的增加，旅行费用趋向于越来越高；而随着旅行费用的增加，旅行人次会相应地降低（Ovaskainen et al.，2012）。旅行费用模型按照需求函数的生成方法，可分为分区旅行费用模型（zonal travel cost model，ZTCM）和个人旅行费用模型（individual travel cost model，ITCM）。个人旅行费用模型适合游客重访率较高，且客源集中的景点，依赖的变量是一个景点的个人游客每天（或每个季节）的旅行次数；分区旅行费用模型，适合游客游览次数不频繁，且有游客从较远距离出发到达的景点（Armbrecht，2014），依赖的变量为一个区域或特定区域旅行的人数（Fleming et al.，2008）。

本研究将辽河保护区开放景点分为收费景点和免费景点两种类型，并分别选择代表性景区进行问卷发放。其中，选取盘锦市红海滩国家风景廊道作为收费景点及外省游客多的景点样本代表，选取沈阳市七星国家湿地公园和毓宝台景区作为免费景点及主要为本省游客的景点样本代表。结合辽河保护区景点的旅游人数情况和问卷调查结果，最终选取以县（市、区）进行分区的分区旅行费用模型进行价值评估。其中，收费景区的旅游人数用盘锦市红海滩国家风景廊道游客人数表示，免费景区的旅游人数为辽河干流旅游带旅游人数扣除盘锦市红海滩国家风景廊道游客人数后的剩余人数。

2.5.6.1　问卷设计

采用现场问卷调查的方法获取游客基本信息及旅游行为等样本数据，调查时间为2019 年 10 月 1—4 日。调查内容分为 3 个部分：①游客的个人特征，包括游客的来源地、年龄、性别、职业、学历，以及可能对旅游率产生影响的人均工资收入、旅行时间等；②旅行费用，包括往返于客源地与红海滩之间的交通、食宿、门票及购买纪念品和土特产品的费用，对于采用自驾游交通方式的游客，交通费用为往返于客源地和红海滩所消耗的油费、公路费等；③支付意愿调查，内容主要为游客是否愿意支付费用来保护景点，愿意支付的意向金额以及不愿意支付的原因。为保证调查问卷质量，现场采取随机抽样调查的方法选取被调查游客，调查人员对问卷中的重点问题进行解释，并协助游客填写问卷，游客填写完成后及时将问卷收回。

2.5.6.2　分区旅行费用模型

分区旅行费用模型反映的旅游资源休憩价值由旅行费用、时间成本和消费者剩余组成（薛达元等，1999），即

$$T=PC+TC+CS \tag{2-43}$$

式中，T——旅游资源的休憩价值，元；

　　　　PC——旅行费用，元；

　　TC——时间成本，元；

　　CS——消费者剩余，元。

（1）旅行费用计算

游客的总旅行费用包括门票费、交通费、食宿费、购物娱乐费用等。

$$PC = M_1 + M_2 + M_3 + M_4 \tag{2-44}$$

式中，M_1——门票费，元；

　　M_2——交通费，元；

　　M_3——食宿费，元；

　　M_4——购物娱乐费用，元。

交通费用为游客往返于出发地和风景区所花费的汽油费和公路税费等（肖潇等，2013），计算公式为

$$M_2 = D \times S \tag{2-45}$$

式中，M_2——交通费；

　　D——每千米油耗费用和公路税费费用，本研究取 0.56 元/km；

　　S——客源地到旅游景区的距离，km。

（2）时间成本

时间成本可由机会成本（工资）代替（Blaine et al.，2015），一般折算为实际工资的 30%～50%，时间成本计算公式为

$$TC = \frac{1}{3} \times S_D \times t = \frac{1}{750} \times S_Y \times t \tag{2-46}$$

式中，TC——时间成本，元；

　　1/3——游客工资与出游时间成本相关系数；

　　S_D——游客客源地日人均工资，元/（人·d），客源地各省、市每人平均工资采用统
　　　　　计年鉴中全行业平均年工资计算，假定年上班天数为 250 d；

　　S_Y——游客客源地年人均工资，元/（人·a）；

　　t——游客旅行时间，d。

（3）消费者剩余

消费者剩余是指消费者实际支付的产品和服务价值与消费者愿意支付的产品和服务价值之差，可以通过需求函数求导的方式获取。消费者剩余计算是假定同一客源地内的游客月均收入、到风景区的旅行费用、旅行时间等大致相等（查爱苹，2013），本研究根

据游客样本信息划分客源地，基于不同客源地的旅游率和旅游支出建立休憩需求函数，再利用积分函数估算消费者剩余。

客源地旅游率计算公式为（谢贤政等，2006）

$$y = \frac{\left(\frac{n}{N} \times N_f\right)}{P_t} \times 1\,000 \tag{2-47}$$

式中，y——某客源地的旅游率，‰；

n——调查问卷中某客源地的游客样本数；

N——样本容量；

N_f——年接待游客量，人；

P_t——某客源地的游客总数，人。

消费者剩余计算公式为

$$CS = \int_n^m f(x)\,dx \tag{2-48}$$

式中，CS——消费者剩余，元；

$f(x)$——休憩需求曲线；

m——旅行人次为 0 时的旅行费用，即最大追加旅行费用，元。

2.6　主要数据来源与处理

2.6.1　主要数据来源

辽河保护区生态资源资产评估主要涉及地面监测调查数据、基础地理信息数据、遥感监测调查数据和其他数据（表 2-10）。其中，地面监测调查数据主要包括水环境质量、水资源量、降水量、平均气温、平均风速、平均相对湿度、太阳辐射、光合有效辐射、土壤组分、土壤类型、物种种类及数量、问卷调查等数据；基础地理信息数据主要包括第二次全国土地调查数据、数字高程模型（DEM）数据等；遥感监测调查数据包括高分一号（GF-1）、SPOT-5 卫星遥感影像，MOD13A1、MOD09A1、MOD11A2 产品数据，全国生态环境十年变化（2000—2010 年）遥感调查数据等；其他数据包括统计数据、文献调研数据等。

表 2-10　辽河保护区生态资源资产评估所需主要数据及来源

序号	数据类型	数据名称	数据精度	数据来源
1	地面监测调查数据	水环境质量	月，站点	辽河凌河水质监测信息
		水资源量	月，站点	辽河凌河水质监测信息、中国河流泥沙公报、松辽流域河流泥沙公报
		降水量	日，站点	中国气象数据网
		平均气温		
		平均风速		
		平均相对湿度		
		太阳辐射	日，站点	寒旱区科学大数据中心
		光合有效辐射	日，站点	中国科学数据（唐利琴等，2017）
		土壤组分	年，站点	自行监测
		土壤类型	1：100万	国家青藏高原科学数据中心"基于世界土壤数据库（HWSD）的中国土壤数据集（v1.1）（2009）"
		物种种类及数量	年，站点	辽宁省辽河保护区管理局的辽河保护区生物多样性监测报告、辽河保护区生物量调查和基础数据、辽河保护区鸟类、鱼类物种多样性监测报告（2020—2021），近年来公开发表的期刊、书籍和专著等资料及各标本馆标本采集记录数据等
2	基础地理信息数据	第二次全国土地调查数据	—	第二次全国土地调查缩编数据成果
		数字高程模型（DEM）数据	年，30 m	地理空间数据云
3	遥感监测调查数据	高分一号（GF-1）卫星遥感影像	年，16 m	中国资源卫星应用中心
		SPOT-5 卫星遥感影像	年，30 m	https：//regards.cnes.fr/user/swh/modules/60
		MOD13A1 产品数据	16 d，500 m	https：//ladsweb.modaps.eosdis.nasa.gov/search/
		MOD09A1 产品数据	8 d，500 m	
		MOD11A2 产品数据	8 d，1 km	
		全国生态环境十年变化（2000—2010年）遥感调查数据	年	《全国生态环境十年变化（2000—2010年）调查评估报告》
4	其他数据	统计数据	年	辽宁省统计年鉴
		文献调研数据	—	辽河保护区历史物种数、辽河干流旅游带人口
		问卷调查	—	景点客流量、游客客源地、门票、交通费用等

2.6.2 主要数据处理

（1）土地利用图

对高分一号（GF-1）、SPOT-5 卫星遥感影像进行校正、融合、拼接及裁剪等预处理，再采用面向对象分类和人机交互解译检核方式提取土地利用信息，最后利用第二次全国土地调查数据、全国生态环境十年变化（2000—2010 年）遥感调查数据以及现场核查数据进行数据校验，进而获取了 2010—2018 年辽河保护区土地利用空间分布数据。

土地利用一级分类参考《土地利用现状分类》的一级分类确定，分为林地、草地、农田、湿地、水体和建设用地 6 类（表 2-11）。同时，考虑研究区土地覆盖特点，又进一步划分为阔叶林、灌木林、其他林地、草地、撂荒地、水田、旱地、水浇地、内陆滩涂、沿海滩涂、河流、沟渠、坑塘水面、交通用地、建筑用地、采矿用地等 16 个二级地类。

表 2-11   辽河保护区土地利用分类体系

一级分类	二级分类	编码	说明
林地	阔叶林	11	常绿阔叶林、落叶阔叶林
	灌木林	12	主要为低矮稀疏的沙棘林
	其他林地	13	除阔叶林、灌木林外的其他稀疏林、乔木林地
草地	草地	21	包括天然草地、草丛、草本绿地
	撂荒地	22	退耕撂荒地
农田	水田	31	田埂用地，水稻用地等
	旱地	32	人工植被，旱生作物
	水浇地	33	主要指大棚用地等
湿地	内陆滩涂	41	草本湿地
	沿海滩涂	42	河流湖泊常水位至洪水位间的滩地
水体	河流	51	自然水面，流动
	沟渠	52	人工水面，流动
	坑塘水面	53	包括水库、坑塘、湖泊及鱼塘水面
建设用地	交通用地	61	人工表面，线状特征
	建筑用地	62	包括城乡居民点、工矿企业建筑用地
	采矿用地	63	人工挖掘表面

（2）气象数据

选取 2010—2018 年辽河保护区及周边地区 17 个站点的年降水量、年平均气温数据，以 30 m DEM 数据为协变量，利用 AUSPLIN 软件进行空间插值，函数选取三次样条函数，再利用辽河保护区边界进行裁剪，获取 2010—2018 年辽河保护区年降水量和年平均气温空间分布数据。

（3）土壤数据

利用辽河保护区 18 个采样点的土壤颗粒组成数据，对照国际制土壤质地分级标准，判别各采样点的土壤类型。再根据各采样点的土壤类型、颗粒组成、养分含量数据，结合1∶100 万土壤类型图，获取辽河保护区土壤类型、质地、养分空间分布数据。

（4）植被覆盖度

通过对 MODIS NDVI 数据进行拼接、投影转换、边界裁剪，对 Landsat TM/OLI 6—9 月影像进行大气校正、拼接、全色波段融合、裁剪等生成辽河保护区 15 m 多光谱影像数据，再将两者融合生成 30 m NDVI 数据集。采用国际通用的最大值合成法（Maximum Value Composite Syntheses，MVC）获取年 NDVI 数据，再利用像元二分法求取植被覆盖度，计算公式为

$$FVC = \frac{NDVI - NDVI_{soil}}{NDVI_v - NDVI_{soil}} \qquad (2\text{-}49)$$

式中，FVC——植被覆盖度；

$NDVI_{soil}$——研究区裸土 NDVI 值；

$NDVI_v$——像元最大 NDVI 值。

（5）MODIS EVI 和 LST

首先对MOD09A1和MOD11A2数据进行无效数据剔除和插补，再进行EVI和LST计算。

（6）光合有效辐射

利用全国光合有效辐射站点数据和 AUNSPLINE 软件（Hutchinson，2001），基于 DEM进行空间插值，再裁剪出辽河保护区的数值。

（7）旅游相关数据

通过问卷调查获取景点客流量、游客客源地、门票、交通费用等数据。通过收集 2010—2018 年沿线四市的统计年鉴获取旅游资源、旅游收入和旅游人数数据。

2.7　技术路线

系统梳理国内外生态资源资产评估已有研究成果，充分考虑辽河保护区生态资源特征及生态环境保护目标，研究构建了辽河保护区生态资源资产评估技术体系。综合利用野外调查、遥感反演、资料收集、文献调研等手段获取的数据，开展针对辽河保护区整体、不同区段、不同重点工程区的生态系统格局、生态系统质量、生态资源资产评估与动态变化分析。在此基础上，针对辽河保护区生态环境管理现状及管理成效，提出生态资源资产提升对策建议。辽河保护区生态资源资产评估技术路线如图 2-2 所示。

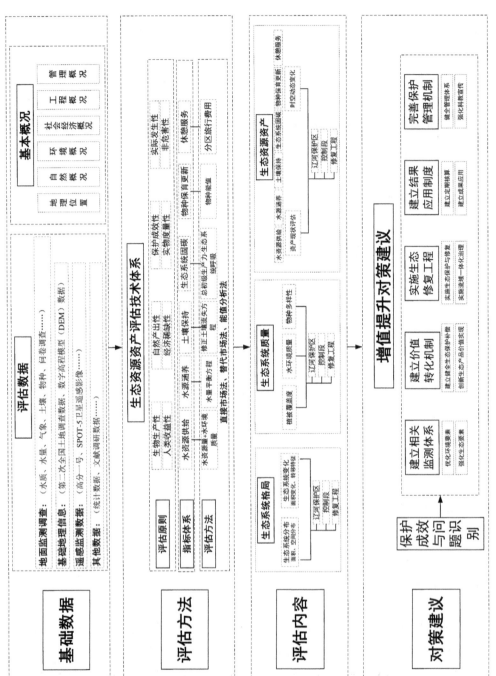

图 2-2　辽河保护区生态资源资产评估技术路线

第3章　辽河保护区生态资源要素构成

生态资源是生态资源资产的存量部分，其质量的好坏和数量的增减，反映了生态资源资产状况及动态变化。水资源是辽河保护区最重要的资源类型，为辽河两岸的生产生活提供了重要的水源保障。生态用地资源和物种资源是维系辽河干流生态系统健康，维持和改善河流水质的重要根基。依托辽河独特的生境条件、优美的自然景观、地形地貌等形成的旅游资源，是推动保护区生态产品价值转化的重要载体。因此，本章主要对辽河保护区 4 类资源进行介绍。

3.1　水资源

辽河流域径流补给主要来自降水，多年平均径流深自东南向西北逐渐递减，数值为 50～300 mm。辽河干流通江口、铁岭、六间房、巨流河水文站历年天然最大径流量分别为 56.5 亿 m³、94.7 亿 m³、75.6 亿 m³、111.2 亿 m³，最小径流量分别为 2.62 亿 m³、7.07 亿 m³、2.95 亿 m³、8.05 亿 m³，两者比值分别为 21.6、13.4、25.6、13.8。径流量年内分配不均匀，主要集中在降水量高的 7 月、8 月，占全年径流总量的 50%以上。

铁岭和六间房水文站历年径流数据显示，1954—2018 年铁岭水文站多年平均径流量为 28.64 亿 m³，总体呈波动下降趋势，其中，1954—1984 年下降速率较大，平均为 1.886 亿 m³/a，1985 年后有所减缓，平均为 0.757 亿 m³/a（图 3-1）。2018 年铁岭站径流量仅为 10.88 亿 m³，相比多年平均值减少 62.02%。1987—2018 年六间房水文站多年平均径流量为 28.05 亿 m³，总体同样呈波动下降趋势，大致可划分为 1987—1999 年、2000—2009 年和 2010—2018 年 3 个阶段，年平均径流量分别为 39.12 亿 m³、12.48 亿 m³、29.37 亿 m³（图 3-2）。其中，2000—2009 年径流量最少，比多年平均值少 55.51%。2018 年六间房水文站径流量为 9.37 亿 m³，比多年平均值少 67%。

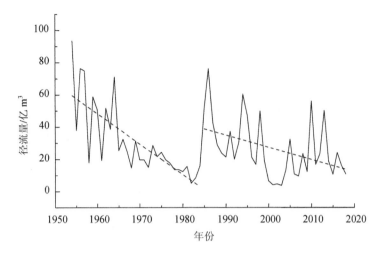

图 3-1　1954—2018 年铁岭水文站径流量变化

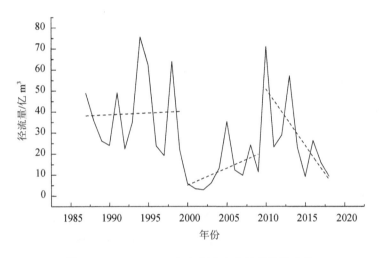

图 3-2　1987—2018 年六间房水文站径流量变化

3.2　生态用地资源

　　生态用地是指能够直接或间接提供生态系统服务，对于生态系统和生物生境保护具有重要作用且自身具有一定的自我调节、修复、维持和发展能力的土地（喻锋等，2015；龙花楼等，2015）。辽河保护区生态用地资源由林地、草地、湿地、水体、农田构成，其余为建设用地（图 3-3、图 3-4）。其中，湿地面积最大，2018 年占保护区总面积的 34.20%，主要分布在辽河入海口；其次是草地，约占保护区面积的 22.70%，主要分布在辽河干流上、中游河岸带区域。水体面积占比为 19.00%，主要包括辽河干流河道以及辽河保护区范围内的水库、坑塘。农田、林地面积占比分别为 6.50%和 4.70%,农田主要分布在柳河口和秀水河口,林地主要分布在辽河两岸防洪堤两侧。

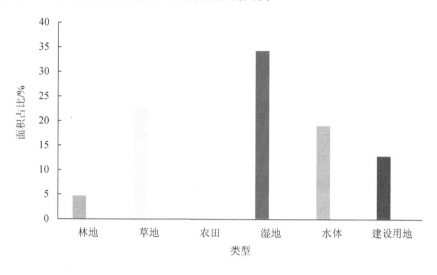

图 3-3 2018 年辽河保护区不同生态系统类型面积占比

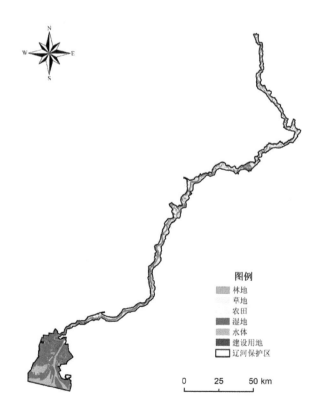

图 3-4 2018 年辽河保护区不同生态系统类型空间分布

3.3　物种资源

2016—2017 年《辽河保护区生物多样性监测报告》显示，辽河保护区共有植物 58 科，234 种。其中，菊科 41 种，禾本科 32 种，国家二级保护植物 1 种，为野大豆（*Glycine soja* Sieb. et Zucc）。保护区内植物以草本植物为主，其中，一年生植物 94 种，二年生植物 43 种，多年生植物 97 种。一年生草本植物的代表物种为薤白（*Allium macrostemon* Bunge）、紫花地丁（*Viola philippica*）、长刺酸模（*Rumex trisetifer*）等；二年生和多年生草本植物的代表物种为小叶章（*Calamagrostis angustifolia* Kom.）、大蓟（*Cirsium japonicum* Fisch. ex DC.）、野艾蒿（*Artemisia lavandulaefolia* DC）等；乔木的代表物种为柳（*Salix*）、榆（*Ulmus pumila* L.）、杨（*Populus* L.）。辽河保护区外来入侵物种主要有三裂叶豚草（*Ambrosia trifida* L.）、大麻（*Cannabis sativa* L.）、普通豚草（*Ambrosia artemisiifolia* L.）等。其中，三裂叶豚草、大麻生长比较旺盛，普通豚草分布面积较大。

辽河保护区共有两栖动物 1 科 2 属 2 种，爬行动物 3 科 3 属 3 种，哺乳动物 8 属 11 科 11 种。其中，鼠类占据绝对优势，此外，还偶见野兔（*Lepus sinensis*）、黄鼬（*Mustela sibirica*）、东方田鼠（*Microtus fortis*）、豹猫（*Prionailurus bengalensis*）等。在辽河口走访调查中发现了斑海豹（*Phoca largha*）和江豚（*Neophocaena phocaenoides*）存在的迹象。共观测到底栖动物 11 目 14 科 20 种，其中，双翅目（Diptera）种类最多，有 11 种；寡毛类颤蚓目（Tubificida）次之，有 5 种；大型底栖动物主要有河蚌（Unionidae）和虾（Shrimp）类，其中河蚌 1 种、虾 3 种。保护区共有浮游藻类 5 门 40 属 55 种，其中，硅藻门（Bacillariophyta）物种数量最多，有 27 种；其次为绿藻门（Chlorophyta）和蓝藻门（Cyanophyta），分别有 15 种和 8 种。

《辽河保护区鸟类、鱼类物种多样性监测报告（2020—2021）》显示，辽河保护区各监测点累计监测到鱼类 53 种，隶属 9 目 16 科。其中，鲤形目最多，共 2 科 31 种，其次为鲈形目，共 4 科 9 种。鲤科为优势种，共 19 属 26 种，其次为鳅科，共 5 属 5 种。与前几年相比，辽河突吻鮈（*Rostrogobio liaohensis*）、棒花鮈（*Gobio rivuloides*）、中华鳑鲏（*Rhodeus sinensis*）、兴凯鱊（*Acheilognathus chankaensis*）、花斑副沙鳅（*Parabotia fasciatus*）等发现频度明显升高。空间上，上游福德店—沈北段观测到的鱼类种类最多，达 40 种，沈阳—盘锦城市段最少，仅为 13 种。食性上，杂食性和肉食性鱼类居多，分别为 24 种和 23 种。

辽河保护区共调查发现鸟类近 90 种，分属 8 目 12 科 21 属，其中，上游鸟类多样性高于中下游，而中下游又以盘锦境内鸟类多样性最为丰富。从珍稀、濒危、特有保护物种的分布来看，凡河河口分布有"三有"保护鸟类池鹭（*Ardeola bacchus*），福德店有濒危鸟类牛头伯劳（*Lanius bucephalus* Temminck et Schlegel），满都户有国家二级保护鸟类鹊鹞（*Circus melanoleucos*），平顶堡有红色名录鸟类红腹地霸鹟（*Muscisaxicola capistrata*），通江口和石佛寺湿地有国家一级保护鸟类东方白鹳（*Ciconia boyciana*），石佛寺有国家一级保护鸟类白头鹤（*Grus monacha*），酒壶咀有国家一级保护鸟类遗鸥（*Larus relictus*），蔡牛有国家二级保护鸟类岩鹭（*Egretta sacra*）。此外，辽河沿岸还在多处发现猛禽，如红隼（*Falco tinnunculus*）、阿穆尔隼（*Falco amurensis*）等。

3.4　旅游资源

辽河保护区依托类型多样的湿地资源、珍稀鸟类、低山丘陵地貌等，形成了丰富的旅游资源，其中，辽宁省大部分的湿地旅游资源汇聚于此，吸引了省内及周边省份居民前往休闲旅游度假。比较著名的有红海滩国家风景廊道、鼎翔生态旅游度假区、鸳鸯沟红海滩景区、莲花湖湿地公园、仙子湖风景旅游度假区、七星湿地公园、盘锦湖滨公园、盘锦湿地公园、辽河国家湿地公园等。

红海滩国家风景廊道是国家 5A 级景区、辽宁省优秀旅游景区，总面积 20 余万亩。其以世界罕见的红海滩为特色，依托全球保存最完好和规模最大的湿地资源、数以万计的珍稀水禽和一望无际的浅海滩涂，构成了一条全长 18 km 的风景廊道，被誉为"世界红色海岸线"，也被称为"中国最精彩的休闲廊道"和"中国最浪漫的游憩海岸线"。景区内规划建设了爱情红海区、动感海岸区、海洋牧场区、燃情岁月区和田园乐土区。鼎翔生态旅游度假区是国家 4A 级景区，占地 26.6 km²，主要由太平河风光带、鸟乐园风景区、苇海蟹滩风景区构成。太平河风光带是太平河流经鼎翔境内天然形成的两岸林带；鸟乐园风景区三面环水，南面是一望无际的苇海，占地 1 600 多亩，是一个种植有机水果、有机蔬菜和各种林苗的生态园，栖息繁衍着 270 多种，10 多万只鸟类；苇海蟹滩风景区占地 2 万余亩，景区内湿地芦苇荡保持完好，有多种兽类、鸟类，以野生螃蟹种类最为多样。鸳鸯沟红海滩景区是国家 3A 级景区，面积 50 多 km²。景区内分布着一望无际的苇塘、沼泽、湖泊和上万亩红海滩，是丹顶鹤、黑嘴鸥、斑海豹等国家级珍稀保护动物的王国，包括红海岸、红锦渡两处景点。

莲花湖湿地公园总面积为 4 226 hm²，主要包括得胜台水库、五角湖、大莲花泡和中朝友谊水库 4 部分，是以人工库塘、稻田、河流及浅水型小型湖泊群为主的复合湿地类型。仙子湖风景旅游区，属于高标准旅游度假区，是沈阳十五大旅游景观之一，被誉为中国荷花之乡，景区内 4 000 亩天然荷花面积居全国之首。七星湿地公园地处辽河岸边、沈北新区西北部，占地 13 000 亩。园区内以辽河水面风景为主，是目前国内最大的市区湿地公园，有水生植物近百种，水中的鱼类十几种，每年有近万只候鸟在公园翱翔。

第 4 章 辽河保护区生态系统格局与质量

生态系统格局和生态系统质量是开展生态资源资产评估的重要指标。本研究从生态系统分布特征、景观格局、植被覆盖度、水环境质量等方面对辽河保护区生态系统格局和质量进行了评估，并从辽河保护区、控制段、控制单元、重点生态工程区等多尺度分析了时空动态变化特征，以期更全面反映保护区生态系统和环境状况。

4.1 总体生态系统格局与质量

4.1.1 生态系统分布特征

2018 年辽河保护区生态系统类型以湿地、草地和水体为主，面积占比分别为 34.2%、22.7% 和 19.0%，总占比为 75.9%（表 4-1）。2010 年保护区划定初期则主要以农田、湿地和水体为主，面积占比分别为 33.5%、29.2% 和 18.0%，总占比为 80.7%。2011 年，由于相关政策的实施，农田面积开始大幅减少，占比锐减至 8.3%，草地面积占比由 0.4% 提高至 23.5%，湿地面积占比提升到 32.0%，成为辽河保护区最主要的两类生态系统。此后，各生态系统类型的面积占比总体保持稳定，草地和水体存在小幅波动，变化范围分别为 22.8%～25.4% 和 17.2%～18.5%。

表 4-1 2010—2018 年辽河保护区不同生态系统类型面积及占比

类型	2010 年		2011 年		2012 年		2013 年		2014 年	
	面积/hm²	占比/%	面积/hm²	占比/%	面积/hm²	占比/%	面积/hm²	占比/%	面积/hm²	占比/%
林地	8 269	4.4	7 832	4.2	7 696	4.1	7 451	4.0	8 899	4.8
草地	744	0.4	44 030	23.6	42 658	22.8	47 633	25.4	45 444	24.3
农田	62 713	33.5	15 563	8.3	17 035	9.1	16 023	8.6	13 969	7.5
湿地	54 593	29.2	59 746	32.0	60 746	32.5	57 156	30.6	58 632	31.4
水体	33 675	18.0	33 515	17.9	32 173	17.2	33 314	17.8	34 655	18.5
建设用地	26 940	14.4	26 219	14.0	26 605	14.2	25 350	13.6	25 314	13.5

类型	2015 年		2016 年		2017 年		2018 年	
	面积/hm²	占比/%	面积/hm²	占比/%	面积/hm²	占比/%	面积/hm²	占比/%
林地	8 923.5	4.8	9 358.2	5.0	8 924.9	4.8	8 799.1	4.7
草地	46 657.1	25.0	46 674.7	25.0	45 603.7	24.4	42 483.9	22.7
农田	13 159.0	7.0	11 409.6	6.1	11 163	6.0	12 237.2	6.5
湿地	58 653.6	31.4	60 028.8	32.1	61 936.4	33.1	63 838.7	34.2
水体	34 891.8	18.7	35 047.6	18.8	34 914.1	18.7	35 573.2	19.0
建设用地	24 613.0	13.2	24 397.2	13.1	24 372.5	13.0	23 980.3	12.8

2010 年农田在辽河干流两岸广泛分布，湿地主要分布在下游入海口和石佛寺水库，林地、草地零星分布在河流两侧（图 4-1）。2011 年以后，辽河保护区农田面积大幅减少，草地逐渐遍布河流两岸，湿地也有所增加，林地和建设用地无明显变化。2011—2018 年辽河保护区生态系统空间分布无显著差异，各生态系统类型基本稳定。

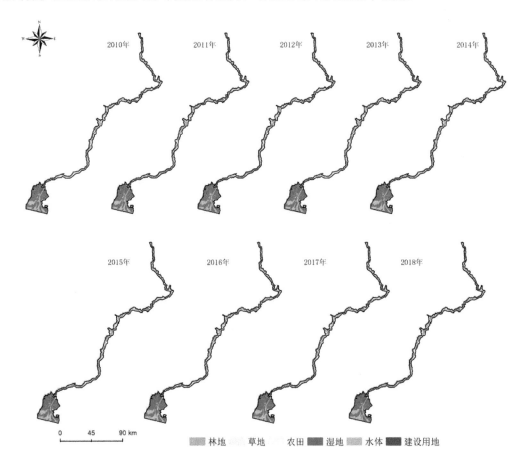

图 4-1　2010—2018 年辽河保护区不同生态系统类型空间分布

4.1.2　景观格局特征

采用斑块数（number of patches，NP）、平均斑块面积（mean patch size，MPS）、边界密度（edge density，ED）和斑块密度（patch density，PD）4个参数分析辽河保护区景观格局特征。其中，斑块数是指评价范围内斑块的数量，用来衡量目标景观的复杂程度，斑块数量越多说明景观构成越复杂。平均斑块面积用于衡量景观总体完整性和破碎化程度，数值越大说明景观越完整，破碎化程度较低。边界密度从边形特征描述景观破碎化程度，数值越大说明斑块破碎化程度越高。斑块密度是单位面积上的斑块数。

为更好地分析景观格局变化特征，本研究又将草地进一步区分为草地和撂荒地两类。结果显示，2010—2018年辽河保护区各参数均呈现先增加后减少的变化趋势，以2015年数值为最高（表4-2）。不同土地利用类型中，湿地和林地斑块数总体呈先增加后趋于稳定的变化趋势，农田则持续减少。2010年湿地和农田平均斑块面积和边界密度相对较大，2015—2018年湿地和撂荒地平均斑块面积和边界密度相对较大，撂荒地和草地边界密度在2010—2015年逐渐增长，以2015年为最高，2018年有所下降。结果表明，2010—2015年随着退耕封育等措施的实施，保护区生态系统类型转化剧烈，林地、草地、撂荒地、湿地面积增加的同时其边界密度和斑块密度也逐渐增加，破碎化程度升高，2015—2018年边界密度和斑块密度又有所降低，生态系统逐步趋于稳定。

表4-2　2010—2018年辽河保护区主要景观格局各参数及变化

年份	类型	斑块数（NP）/个	平均斑块面积（MPS）/hm²	边界密度（ED）/（m/hm²）	斑块密度（PD）/（个/km²）
2010	林地	751	11.03	10.61	0.40
	草地	32	13.37	0.44	0.02
	撂荒	9	47.71	0.24	0.01
	农田	347	179.59	17.48	0.19
	湿地	314	174.73	14.87	0.17
	水体	364	92.47	15.82	0.20
	建设用地	1 028	26.21	11.74	0.55
	辽河保护区	2 845	77.87	10.17	0.22
2013	林地	777	9.58	10.80	0.42
	草地	45	10.39	0.53	0.02
	撂荒	228	206.88	13.90	0.12
	农田	257	62.41	6.03	0.14
	湿地	341	167.61	16.04	0.18

年份	类型	斑块数（NP）/个	平均斑块面积（MPS）/hm²	边界密度（ED）/（m/hm²）	斑块密度（PD）/（个/km²）
2013	水体	383	86.94	15.93	0.21
	建设用地	1 122	22.59	11.75	0.60
	辽河保护区	3 153	80.92	10.71	0.24
2015	林地	979	9.11	13.01	0.52
	草地	136	7.33	0.99	0.07
	撂荒	134	335.17	13.30	0.07
	农田	238	55.31	4.74	0.13
	湿地	397	149.63	16.56	0.21
	水体	386	90.39	16.53	0.21
	建设用地	1 248	19.72	11.29	0.67
	辽河保护区	3 518	95.24	10.92	0.27
2018	林地	955	9.31	12.35	0.51
	草地	31	13.96	0.41	0.02
	撂荒	285	147.66	13.27	0.15
	农田	209	57.77	4.37	0.11
	湿地	392	162.97	17.73	0.21
	水体	365	97.46	16.36	0.20
	建设用地	1 179	20.34	11.52	0.63
	辽河保护区	3 416	72.78	10.86	0.26

4.1.3 植被覆盖度

2018 年辽河保护区河岸带植被覆盖度为 71.05%，相较 2010 年略有降低（图 4-2）。2010—2018 年植被覆盖度呈先增加后降低趋势，以 2013 年最高，为 77.39%。保护区河岸带大部分区域为高植被覆盖区，主要分布在保护区下游和上游河段，面积占比在 80% 上下波动（图 4-2 和图 4-3）。中、低植被覆盖区主要分布在中游河段和河道附近，面积占比分别在 10% 和 9% 上下波动。河道附近植被覆盖度低主要是受常年水分频繁淹没的影响，尤其是 6—9 月丰水期河流水量较大，河道附近的植被部分遭受淹没，降低了地表植被覆盖度。

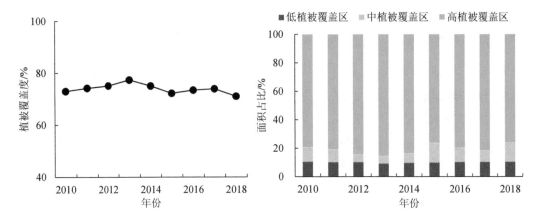

图 4-2   2010—2018 年辽河保护区河岸带植被覆盖度

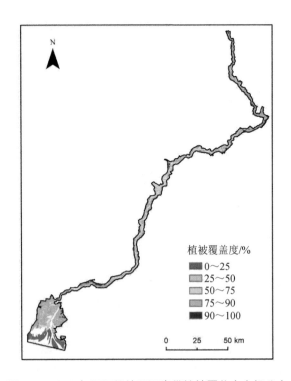

图 4-3   2018 年辽河保护区河岸带植被覆盖度空间分布

从长时间序列的分析结果可见，2000—2018 年辽河保护区植被覆盖度总体变化率为
0.002 6%/a，呈略微增加趋势（图 4-4）。其中，2000—2009 年增加趋势较为明显，增长斜
率为 0.67%/a；2010—2018 年有所下降，增长斜率为-0.27%/a。这一方面是由于 2010 年
后保护区内大量农田转为撂荒地，植被覆盖度有所下降；另一方面是由于气象因素变化
的影响，若去除这一影响，2011—2018 年人类活动对保护区植被恢复的平均贡献率为

1.12%，在 2014 年达到高峰，约为 8.42%（杨春艳等，2020）。

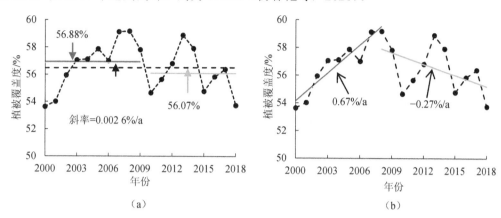

图 4-4　辽河保护区植被覆盖度时间变化

栅格数据分析显示，2000—2018 年辽河保护区大部分区域植被覆盖度基本不变，面积占比为 78.81%；13.65% 的区域有降低趋势，其中明显降低的面积约为 84.67 km²，主要分布在辽河保护区中游河段；7.54% 的区域呈增加趋势，其中明显增加的面积约为 55.52 km²，主要分布在辽河入海口岸边带和上游河段区域。分段分析表明，辽河保护区成立前（2000—2009 年）有 33.20% 的区域植被覆盖度呈增加趋势，其中明显增加的区域面积为 264.12 km²，集中分布在辽河保护区下游和上游河段；有 7.61% 的区域植被覆盖度呈降低趋势，其中明显降低的区域面积为 52.90 km²（表 4-3、图 4-5）。保护区建立后（2010—2018 年）植被覆盖度有下降的趋势，其面积约占辽河保护区面积的 27.21%，其中，有 331.04 km² 的区域呈现明显降低趋势，保护区各河段均有分布；植被覆盖度增加的区域约占保护区的 13.70%，有 131.22 km² 的面积呈明显增加趋势。

表 4-3　2000—2018 年辽河保护区植被覆盖度变化情况统计

植被覆盖度变化等级	2000—2018 年		保护区建立前（2000—2009 年）		保护区建立后（2010—2018 年）	
	面积/km²	比例/%	面积/km²	比例/%	面积/km²	比例/%
明显增加	55.52	2.97	264.12	14.13	131.22	7.02
略微增加	85.42	4.57	356.46	19.07	124.86	6.68
基本不变	1 473.12	78.81	1 106.38	59.19	1 104.51	59.09
略微降低	170.47	9.12	89.35	4.78	177.57	9.50
明显降低	84.67	4.53	52.90	2.83	331.04	17.71

注：采用斜率趋势分析法分析植被覆盖度的长期变化趋势，并利用 t 检验法将变化趋势分为明显增加（$S>0$，$P\leqslant0.01$）、略微增加（$S>0$，$P\leqslant0.05$）、基本不变（$S=0$ 或 $P>0.05$）、略微降低（$S<0$，$P\leqslant0.05$）、明显降低（$S<0$，$P\leqslant0.01$）5 个等级。

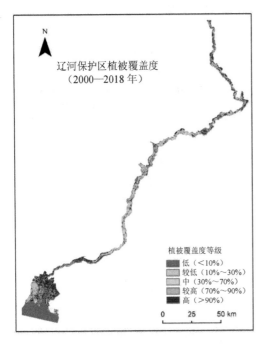

图4-5 2000—2018年辽河保护区植被覆盖度空间分布及变化

4.1.4 水环境质量

自辽河流域被列入国家重点治理的"三河三湖"以来，经过 5 个五年计划的实施，水环境质量明显改善，辽河干流水质优良（Ⅰ～Ⅲ类）比例由 2001 年的 8.3%上升到 2019 年（1—11 月）的 51.9%。2015—2019 年辽河保护区内辽河干流及主要一级支流断面水质基本保持稳定或改善（表 4-4）。2019 年除曙光大桥外，其余 8 个干流断面水质类别均达到Ⅳ类，但支流水质整体劣于干流水质，其中，柴河、凡河、拉马河水质总体为Ⅲ类，招苏台河、亮子河、螃蟹沟、太平总干、清水河、绕阳河、小柳河、一统河水质为Ⅴ类，甚至为劣Ⅴ类，其他支流水质大多为Ⅳ类。

表 4-4　2015—2019 年辽河干流及主要一级支流断面水质类别

水体	控制断面	2015 年	2016 年	2017 年	2018 年	2019 年
辽河干流	福德店	Ⅳ	Ⅳ	Ⅳ	Ⅴ	—
	三合屯	Ⅳ	Ⅳ	Ⅳ	Ⅴ	Ⅳ
	珠尔山	Ⅳ	Ⅳ	Ⅳ	Ⅳ	Ⅳ
	马虎山	Ⅳ	Ⅳ	Ⅳ	Ⅳ	Ⅳ
	巨流河大桥	—	Ⅴ	Ⅳ	Ⅳ	Ⅲ
	红庙子	Ⅳ	Ⅳ	Ⅳ	Ⅳ	Ⅳ
	盘锦兴安	Ⅳ	Ⅳ	Ⅳ	Ⅳ	Ⅳ
	曙光大桥	Ⅳ	Ⅳ	Ⅳ	Ⅳ	Ⅴ
	赵圈河	Ⅳ	Ⅳ	Ⅳ	Ⅳ	Ⅳ
八家子河	八家子河入河口	—	Ⅴ	Ⅴ	Ⅳ	Ⅴ
招苏台河	通江口	劣Ⅴ	Ⅴ	劣Ⅴ	劣Ⅴ	Ⅴ
清河	清河水库入库口	—	Ⅱ	Ⅲ	Ⅱ	Ⅲ
	清辽	Ⅳ	Ⅳ	Ⅳ	劣Ⅴ	Ⅳ
亮子河	亮子河入河口	劣Ⅴ	劣Ⅴ	劣Ⅴ	劣Ⅴ	Ⅴ
柴河	东大桥	Ⅱ	Ⅲ	Ⅲ	Ⅲ	Ⅲ
	柴河水库入库口	—	Ⅱ	Ⅲ	Ⅲ	Ⅲ
凡河	凡河一号桥	—	Ⅲ	Ⅲ	Ⅲ	Ⅲ
拉马河	拉马桥	Ⅴ	Ⅳ	Ⅳ	Ⅳ	Ⅲ
柳河	柳河桥	Ⅳ	Ⅳ	Ⅳ	Ⅳ	Ⅳ
秀水河	秀水河		Ⅳ	Ⅳ	Ⅳ	Ⅳ
养息牧河	旧门桥		Ⅳ	Ⅳ	Ⅳ	Ⅳ
小柳河	闸北桥	Ⅴ	Ⅳ	Ⅳ	Ⅳ	Ⅴ
一统河	中华路桥	Ⅴ	Ⅳ	Ⅳ	Ⅴ	Ⅴ
螃蟹沟	于岗子	劣Ⅴ	Ⅴ	Ⅴ	劣Ⅴ	劣Ⅴ
太平总干	新生桥	Ⅳ	—	Ⅴ	劣Ⅴ	劣Ⅴ
清水河	清水河闸	Ⅴ	Ⅴ	Ⅴ	劣Ⅴ	劣Ⅴ
绕阳河	胜利塘	Ⅳ	Ⅳ	Ⅴ	Ⅴ	Ⅴ

辽河干流国控断面主要污染物水质类别评价结果显示（图 4-6、图 4-7），2010 年各断面氨氮污染物浓度为劣Ⅴ类和Ⅴ类，2011—2019 年除 2018 年三合屯断面外，其他年份各断面氨氮浓度总体达到Ⅳ类标准。2010—2019 年各断面化学需氧量均达到Ⅴ类及以上水质标准，其中Ⅲ类和Ⅳ类水质占比最高。2010 年辽河干流各断面总磷污染物水质类别为劣Ⅴ类的占比为 16.67%，2011—2019 年均优于劣Ⅴ类。总体而言，2011—2019 年辽河干流水质相较于 2010 年有较大改善，大部分断面水质优于劣Ⅴ类，但水质情况仍不容乐观，各监测断面化学需氧量浓度呈增加趋势，部分断面总磷浓度也呈增加趋势。

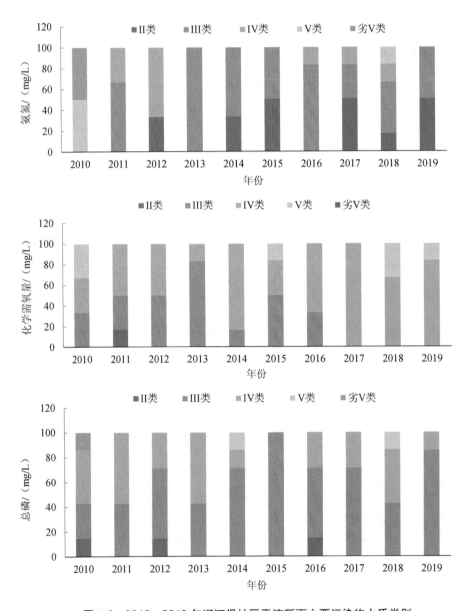

图 4-6　2010—2019 年辽河保护区干流断面主要污染物水质类别

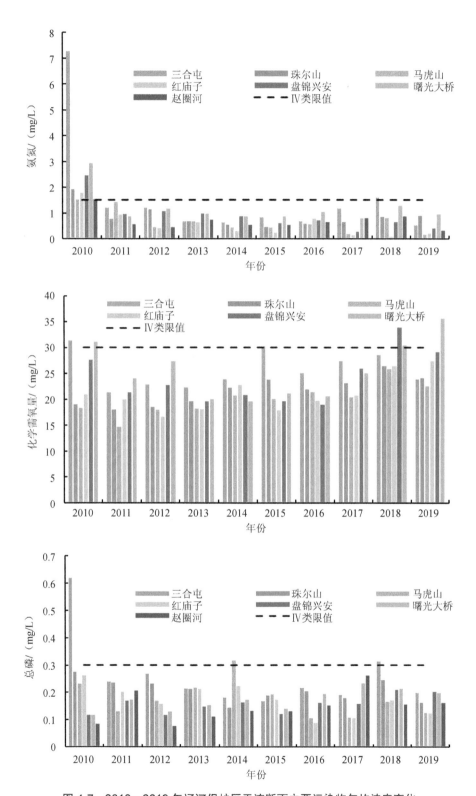

图4-7　2010—2019 年辽河保护区干流断面主要污染物年均浓度变化

4.2 不同控制段生态系统格局与质量

4.2.1 生态系统分布特征

4.2.1.1 控制段生态系统分布特征

2018 年辽河保护区大部分控制段以湿地、草地生态系统为主。其中，三合屯、珠尔山、马虎山、红庙子和巨流河大桥段均以草地面积占比最大，数值为 37.38%~55.57%，湿地面积次之，面积占比为 15.08%~27.14%；福德店段则以农田面积占比最大，数值为49.63%，湿地面积次之；曙光大桥和赵圈河段均以湿地和建设用地为主，赵圈河段湿地面积占比高达 68.60%（表 4-5）。2010—2018 年，辽河保护区各控制段均表现为农田面积降低，草地、湿地和林地面积增加的变化特征（表 4-5、图 4-8）。其中，三合屯和珠尔山段农田面积占比分别降低了 52.18% 和 58.31%，珠尔山段林、草、湿地面积占比增加了59.38%，马虎山段退耕率高达 90% 以上，赵圈河段各生态系统类型面积占比变化较小。

表 4-5 2010—2018 年辽河保护区各控制段不同生态系统类型面积占比

单位：%

年份	控制段	林地	草地	农田	湿地	水体	建设用地
2010	福德店	12.00	3.98	66.75	10.77	1.85	4.65
	三合屯	11.14	1.62	65.60	13.09	3.76	4.79
	珠尔山	5.82	0.51	67.95	11.09	4.53	10.10
	马虎山	6.93	0.00	49.44	26.24	5.34	12.05
	红庙子	4.09	1.73	57.44	21.32	6.47	8.94
	巨流河大桥	9.34	0.62	58.53	15.51	5.31	10.70
	曙光大桥	1.22	0.13	52.57	11.87	13.16	21.06
	赵圈河	0.03	0.00	2.87	68.75	1.52	26.84
2018	福德店	15.99	8.88	49.63	18.17	0.95	6.38
	三合屯	12.74	43.51	13.42	20.33	2.91	7.09
	珠尔山	6.15	55.57	9.64	15.08	3.94	9.63
	马虎山	8.28	44.49	3.56	21.52	5.88	16.27
	红庙子	3.92	39.76	13.61	27.14	6.47	9.10
	巨流河大桥	10.89	37.38	10.32	25.73	5.25	10.42
	曙光大桥	3.22	16.89	14.02	30.16	11.89	23.82
	赵圈河	0.02	0.01	1.69	68.60	1.45	28.24

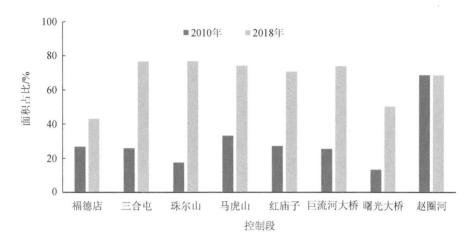

图 4-8　2010—2018 年辽河保护区各控制段林、草、湿地面积占比

4.2.1.2　控制单元生态系统分布特征

辽河保护区所在流域总体以农田为主，面积占比达 60.16%，呈连片分布，其次是林地和草地，面积占比分别为 20.55% 和 9.48%，主要分布在东部和西南部边缘区域（图 4-9）。其中，福德店控制单元内农田主要分布在东辽河流域，林地和草地主要分布在西辽河流域；珠尔山控制单元左岸以林地为主，林草覆盖率较高，右岸则以农田为主；其他控制单元农田均呈大面积分布，但林地和草地分布特征有所差异。三合屯控制单元内，林地和

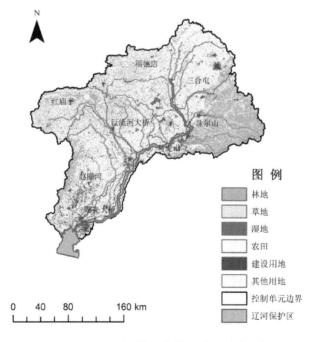

图 4-9　辽河流域各控制单元生态系统分布

草地在八家子河流域零散分布,在招苏台河流域条状分布于东部边界;马虎山控制单元草地主要分布在辽河干流两侧,林地主要分布在万泉河和长河流域;巨流河大桥、红庙子控制单元林地和草地主要分布在各支流流域上游地区,曙光大桥林地和草地呈条带状分布在河流、沟渠和道路两侧,建设用地主要分布在一统河入河口河道两侧,以及螃蟹沟流域;赵圈河控制单元林地主要分布在绕阳河流域西部山区,草地主要分布在绕阳河入河口段以及辽河保护区内,建设用地主要分布在绕阳河流域中游地区。

从各生态系统面积占比来看,除珠尔山外,其余控制单元农田面积占比均明显高于其他生态系统类型(图4-10)。其中,三合屯和巨流河大桥控制单元占比超过70%,曙光大桥、马虎山和赵圈河控制单元占比超过60%;其他生态系统类型中,珠尔山控制单元林地面积占比接近45%,福德店、红庙子和马虎山控制单元草地面积占比高于其他区域,超过10%;曙光大桥、马虎山和赵圈河控制单元则建设用地面积占比高于其他区域。

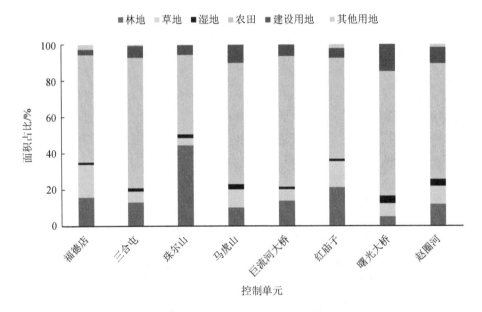

图4-10　辽河流域各控制单元生态系统面积占比

4.2.1.3　支流两岸生态系统分布特征

从辽河保护区主要支流向上游分别扩展500 m、1 000 m、2 000 m,并对其两岸50 m、100 m、500 m缓冲区内的生态系统分布情况进行统计分析。结果显示(表4-6),随着距入河口距离的增加和两岸缓冲区范围的扩大,东辽河、西辽河、八家子河、招苏台河、柴河、亮子河、清河、王河、长沟河、拉马河、养息牧河、付家窝堡排干、太平总干、螃蟹沟、清水河等支流和排干两岸表现为农田面积占比逐渐增加,林、草、湿地面积总占比逐渐减小。如东辽河林、草、湿地面积占比由60.05%(入河口上游500 m范围,两岸50 m

表 4-6　辽河流域主要支流两岸生态系统面积占比

单位：%

河流名称	河流两岸范围	500 m						1 000 m						2 000 m					
	距河口距离	林地	草地	湿地	农田	建设用地	其他用地	林地	草地	湿地	农田	建设用地	其他用地	林地	草地	湿地	农田	建设用地	其他用地
东辽河	50 m	0.00	58.23	1.82	11.46	0.00	28.49	2.84	70.27	2.14	24.75	0.00	0.00	2.33	68.07	2.08	22.33	0.00	5.19
东辽河	100 m	0.00	47.09	1.55	27.34	0.14	24.01	2.54	53.86	1.34	41.68	0.59	0.59	2.11	52.71	1.37	39.25	0.51	4.56
东辽河	500 m	0.00	40.48	1.43	50.20	0.79	7.90	1.35	29.15	0.86	64.89	0.62	3.74	8.57	21.81	0.71	67.08	0.88	1.84
西辽河	50 m	0.80	80.27	18.36	0.27	0.31	0.31	28.32	45.10	7.39	19.19	0.00	0.00	21.43	53.97	10.15	14.45	0.00	0.00
西辽河	100 m	5.87	77.52	6.96	9.00	0.54	0.64	33.10	39.89	5.90	20.78	0.33	0.33	26.92	48.43	6.14	18.11	0.38	0.40
西辽河	500 m	8.27	31.66	4.87	54.47	0.26	0.73	25.46	25.25	3.15	45.67	0.26	0.48	19.04	35.23	2.30	42.67	0.65	0.76
八家子河	50 m	9.56	39.31	1.55	48.40	1.13	0.05	0.05	36.50	2.40	61.04	0.00	0.00	6.32	16.68	0.78	76.22	0.00	0.00
八家子河	100 m	5.11	25.05	0.45	68.29	1.07	0.02	9.97	20.63	1.67	67.73	0.00	0.00	4.39	14.76	0.69	80.16	0.00	0.00
八家子河	500 m	2.52	6.29	0.18	85.12	5.89	0.00	14.55	7.68	0.45	73.87	3.46	0.00	9.02	7.93	0.36	80.72	1.97	0.00
招苏台河	50 m	0.00	59.82	4.00	25.07	1.92	9.18	5.15	44.73	1.18	46.18	0.00	2.75	3.93	48.57	1.87	41.31	0.00	4.31
招苏台河	100 m	0.00	74.82	1.85	14.58	1.74	7.01	11.19	31.36	0.46	51.69	3.97	1.33	8.77	40.76	0.76	43.66	3.49	2.56
招苏台河	500 m	7.58	72.85	1.10	13.97	1.55	2.95	7.17	25.76	0.43	65.08	1.01	0.56	6.63	16.11	0.39	72.68	3.78	0.42
柴河	50 m	0.00	94.43	4.08	1.49	0.00	0.00	5.66	64.43	18.04	6.61	5.26	0.00	16.95	46.12	8.74	26.79	1.40	0.00
柴河	100 m	0.06	91.97	5.27	2.70	0.00	0.00	11.63	26.87	11.20	48.48	1.82	0.00	3.51	55.75	17.63	16.20	6.92	0.00
柴河	500 m	0.00	95.71	3.35	0.94	0.00	0.00	0.79	66.41	9.77	20.59	2.43	0.00	1.84	26.69	4.50	62.84	4.12	0.00

河流名称	距河口距离 河流两岸范围	500 m						1 000 m						2 000 m					
		林地	草地	湿地	农田	建设用地	其他用地	林地	草地	湿地	农田	建设用地	其他用地	林地	草地	湿地	农田	建设用地	其他用地
亮子河	50 m	13.10	53.03	1.55	29.87	2.44	0.00	0.00	28.06	0.06	71.88	0.00	0.00	1.18	15.19	0.07	81.99	1.57	0.00
	100 m	10.56	57.89	1.77	27.20	2.57	0.00	0.00	18.44	0.57	80.71	0.28	0.00	2.42	13.84	0.67	80.29	2.78	0.00
	500 m	6.31	50.65	2.01	37.35	3.12	0.56	3.10	35.82	1.11	57.47	2.23	0.27	3.31	21.67	0.95	68.84	5.10	0.13
清河	50 m	0.00	56.48	1.87	0.76	15.03	25.86	0.13	66.03	1.28	4.99	3.40	24.16	0.00	29.26	3.09	4.61	31.02	32.01
	100 m	0.00	56.50	0.83	8.66	13.96	20.06	5.04	47.84	0.68	29.65	2.93	13.86	0.00	27.92	3.15	18.75	24.70	25.48
	500 m	6.57	39.78	0.11	43.23	4.00	6.31	4.02	27.11	0.14	61.59	2.59	4.54	1.96	18.42	0.98	67.32	4.60	6.72
王河	50 m	46.06	38.38	1.54	6.76	1.94	5.32	0.96	97.91	1.03	0.00	0.11	0.00	10.50	83.22	1.81	4.08	0.39	0.00
	100 m	31.01	40.49	0.96	23.06	1.79	2.69	2.97	93.75	0.61	2.23	0.44	0.00	8.94	71.83	1.28	17.20	0.76	0.07
	500 m	7.84	26.55	0.29	63.64	1.14	0.54	6.13	46.88	0.35	45.44	0.98	0.24	13.05	42.26	2.17	41.36	1.09	0.00
中固河	50 m	0.00	41.58	2.08	49.42	6.93	0.00	0.00	30.41	2.37	61.91	1.22	4.09	0.00	34.84	0.50	63.86	0.80	0.00
	100 m	0.00	11.60	0.44	83.76	4.20	0.00	0.00	12.25	0.61	83.63	3.11	0.40	0.01	13.08	0.59	83.55	2.50	0.26
	500 m	0.00	14.13	0.50	80.43	4.93	0.00	0.00	12.15	0.62	83.82	3.03	0.39	0.07	13.03	0.39	82.86	3.42	0.23
凡河	50 m	17.82	51.04	2.12	0.00	0.00	29.02	54.33	43.21	1.92	0.00	0.54	0.00	26.28	66.26	1.14	6.08	0.00	0.24
	100 m	17.63	49.83	3.35	0.00	0.00	29.18	51.49	45.98	1.16	0.00	1.37	0.00	20.73	70.14	0.56	8.30	0.00	0.27
	500 m	17.71	41.63	2.26	13.27	4.00	21.13	22.35	28.23	3.81	39.61	6.00	0.00	21.82	62.10	3.85	10.27	1.86	0.10
长沟河	50 m	3.87	86.72	1.65	3.02	4.73	0.00	0.00	12.26	0.76	86.95	0.04	0.00	0.00	59.47	3.95	36.58	0.00	0.00
	100 m	6.94	66.12	0.52	19.85	6.56	0.00	0.00	17.32	0.22	80.08	2.38	0.00	0.00	40.72	3.27	56.01	0.00	0.00
	500 m	6.34	22.58	6.63	52.15	12.30	0.00	3.13	13.34	3.20	68.67	11.66	0.00	1.64	11.71	2.47	78.14	6.05	0.00

河流名称	距河口距离/河流两岸范围	500 m						1 000 m						2 000 m					
		林地	草地	湿地	农田	建设用地	其他用地	林地	草地	湿地	农田	建设用地	其他用地	林地	草地	湿地	农田	建设用地	其他用地
拉马河	50 m	7.88	26.65	40.11	25.37	0.00	0.00	0.82	44.97	4.15	47.47	2.60	0.00	2.50	30.00	4.43	57.79	5.29	0.00
	100 m	0.00	60.48	1.57	33.66	4.28	0.00	0.00	33.83	0.67	63.13	2.37	0.00	3.81	28.01	40.14	28.03	0.00	0.00
	500 m	6.66	17.94	25.07	41.49	8.84	0.00	4.77	14.47	14.28	56.49	9.98	0.00	2.83	10.66	7.21	72.17	7.12	0.00
秀水河	50 m	5.89	4.30	4.46	65.82	0.85	18.68	3.64	14.78	6.12	53.64	0.39	21.42	0.00	19.17	0.20	68.92	0.26	11.46
	100 m	13.36	6.66	3.48	60.54	1.25	14.71	8.82	13.41	5.40	59.25	1.17	11.96	3.31	23.20	0.93	65.89	0.45	6.22
	500 m	5.76	15.05	1.74	67.61	0.93	8.90	8.49	9.70	1.83	74.88	2.82	2.28	4.45	15.04	2.74	70.82	5.77	1.18
养息牧河	50 m	2.17	37.21	0.00	0.00	0.00	60.62	0.00	17.62	1.22	30.92	0.41	49.85	1.93	10.24	0.39	54.43	1.80	31.22
	100 m	1.22	48.70	0.06	0.00	0.00	50.02	0.00	22.92	2.51	35.59	0.66	38.33	3.06	16.14	0.81	61.03	2.21	16.75
	500 m	0.28	76.30	1.75	1.40	0.11	20.16	2.32	12.65	4.67	70.04	0.44	9.89	1.68	10.96	0.73	80.95	2.22	3.45
柳河	50 m	0.00	18.17	0.24	52.98	2.83	25.78	0.77	9.57	0.32	44.52	1.37	43.46	2.04	4.65	1.21	35.50	0.57	56.04
	100 m	0.00	21.85	0.96	55.78	2.07	19.34	6.56	4.22	0.26	49.58	0.83	38.55	4.82	4.32	1.03	41.30	0.49	48.03
	500 m	0.57	18.11	0.02	76.94	0.66	3.70	23.72	7.37	0.04	60.03	0.78	8.07	15.34	3.63	0.22	62.28	2.26	16.27
付家窝堡排干	50 m	0.00	89.94	0.41	9.65	0.00	0.00	0.05	96.39	0.74	2.82	0.00	0.00	19.47	63.27	1.11	12.55	3.60	0.00
	100 m	1.82	81.04	0.56	16.58	0.00	0.00	4.04	74.18	0.54	4.04	0.00	17.21	13.71	56.02	2.86	15.76	3.31	8.35
	500 m	5.80	49.19	0.05	43.87	0.64	0.45	5.43	60.93	0.57	32.34	0.60	0.14	8.97	33.39	1.54	51.96	4.08	0.06
小柳河	50 m	14.12	69.88	0.18	0.00	15.82	0.00	29.50	51.34	0.08	0.15	18.93	0.00	16.35	62.56	0.04	1.33	19.72	0.00
	100 m	22.03	59.43	0.20	0.00	18.33	0.00	27.56	45.86	2.58	2.47	21.53	0.00	19.37	50.19	3.64	5.42	21.38	0.00
	500 m	13.02	41.47	0.25	0.76	44.50	0.00	18.01	27.24	6.70	2.00	46.05	0.00	11.88	25.76	7.65	11.84	41.78	1.09

河流名称	距河口距离 河流两岸范围	500 m						1 000 m						2 000 m					
		林地	草地	湿地	农田	建设用地	其他用地	林地	草地	湿地	农田	建设用地	其他用地	林地	草地	湿地	农田	建设用地	其他用地
一统河	50 m	0.00	42.30	57.70	0.00	0.00	0.00	0.00	34.17	65.83	0.00	0.00	0.00	12.29	38.72	32.02	1.95	15.03	0.00
	100 m	0.00	49.15	48.79	0.00	2.06	0.00	0.00	41.82	54.80	0.00	3.38	0.00	7.20	42.69	29.52	4.28	16.32	0.00
	500 m	3.53	38.46	42.71	1.36	13.94	0.00	1.92	33.50	46.21	0.76	17.62	0.00	4.84	35.86	26.90	6.64	25.77	0.00
太平总干	50 m	5.14	84.36	10.33	0.00	0.17	0.00	49.26	40.88	9.18	0.10	0.58	0.00	74.79	19.57	5.31	0.05	0.28	0.00
	100 m	12.31	77.20	9.32	0.00	1.16	0.00	44.03	39.25	10.11	5.76	0.85	0.00	65.12	18.78	6.59	9.09	0.41	0.00
	500 m	29.11	48.34	7.90	12.73	1.92	0.00	35.59	31.76	8.28	21.81	2.56	0.00	37.24	17.20	5.00	36.27	4.29	0.00
螃蟹沟	50 m	0.00	89.19	8.08	2.73	0.00	0.00	0.31	64.65	10.63	15.06	9.36	0.00	1.57	55.52	8.26	29.73	4.93	0.00
	100 m	0.00	79.24	19.53	1.23	0.00	0.00	0.54	61.59	14.63	16.58	6.66	0.00	4.00	45.03	8.98	38.59	3.40	0.00
	500 m	0.88	47.74	22.03	25.72	3.62	0.00	1.93	42.70	18.21	32.05	5.12	0.00	1.91	26.11	9.62	58.75	3.61	0.00
绕阳河	50 m	0.00	66.89	5.75	0.00	0.00	27.36	0.00	83.72	2.83	0.00	0.00	13.45	0.00	91.54	1.80	0.00	0.00	6.66
	100 m	0.00	68.46	6.14	0.00	0.00	25.40	0.00	84.06	3.34	0.00	0.00	12.61	0.00	91.88	1.90	0.00	0.00	6.21
	500 m	0.00	84.10	5.70	0.00	0.00	10.19	0.00	91.19	3.86	0.00	0.03	4.92	4.62	86.22	3.68	2.59	0.48	2.41
清水河	50 m	0.00	40.38	7.21	15.22	37.18	0.00	1.24	42.15	5.60	12.38	38.64	0.00	4.92	47.13	6.63	17.71	23.62	0.00
	100 m	0.00	24.58	5.10	26.50	43.81	0.00	1.94	25.56	5.20	26.40	40.90	0.00	6.21	32.10	8.25	28.49	24.94	0.00
	500 m	0.00	40.99	3.20	38.51	17.30	0.00	0.38	35.86	5.42	44.95	13.39	0.00	2.46	21.90	5.12	61.41	9.11	0.00

缓冲区）降至（入河口上游 2 000 m，河流两岸 500 m 范围内）31.309%，农田面积占比则由 11.46%增至 67.08%。柳河两岸则表现为农田和草地面积占比逐渐减少，其他用地面积占比逐渐增加；一统河两岸表现为草地面积占比逐渐减少，农田略有增加，建设用地面积占比逐渐增加；绕阳河两岸表现为草地面积占比逐渐增加，其他用地面积占比逐渐减少。

4.2.2　植被覆盖度

4.2.2.1　福德店控制段

2018 年福德店控制段河岸带植被覆盖度高达 88.10%（图 4-11）。2010—2018 年植被覆盖度呈先增加、再降低、再显著增加的变化趋势，以 2015 年数值最高，为 88.54%，2018 年相较 2010 年增加了 3.72%。河岸带绝大部分区域为高植被覆盖区，各年面积占比均保持在 99%以上，低植被覆盖区域、中植被覆盖区域不足 1%。

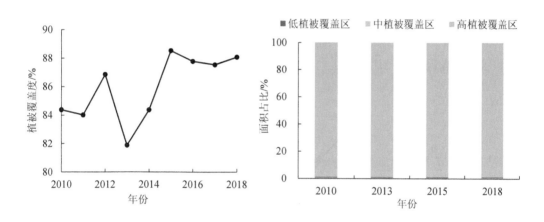

图 4-11　2010—2018 年福德店控制段河岸带植被覆盖度

4.2.2.2　三合屯控制段

2018 年三合屯控制段河岸带植被覆盖度为 81.11%（图 4-12）。2010—2018 年植被覆盖度呈先升高后下降、再升高再下降的变化特征，以 2012 年最高，为 86.25%，2018 年相较 2010 年降低了 4.34%。河岸带植被覆盖整体良好，绝大部分区域为高植被覆盖区，面积占比保持在 95%以上，其中 2015 年高达 99.17%。2010—2018 年高植被覆盖区面积占比先增加后减少，中植被覆盖区面积占比先减少后增加，低植被覆盖区面积占比则基本保持不变。

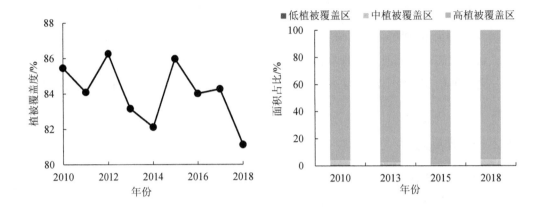

图 4-12 2010—2018 年三合屯控制段河岸带植被覆盖度

4.2.2.3 珠尔山控制段

2018 年珠尔山控制段河岸带植被覆盖度为 82.17%，相较 2010 年增加了 0.74%。2010—2018 年河岸带植被整体良好，绝大部分区域为高植被覆盖区，面积占比保持在 91% 以上，其中 2013 年高达 95.67%（图 4-13）。总体来看，高植被覆盖区面积占比呈增加趋势，中植被覆盖区面积占比呈减少趋势，低植被覆盖区面积占比基本保持不变。

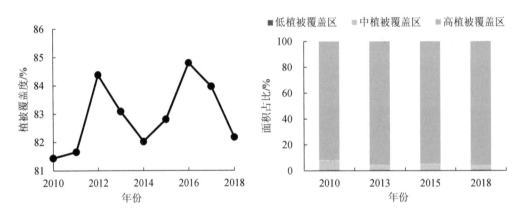

图 4-13 2010—2018 年珠尔山控制段河岸带植被覆盖度

4.2.2.4 马虎山控制段

2018 年马虎山控制段河岸带植被覆盖度为 80.41%（图 4-14）。2010—2018 年河岸带植被覆盖度波动较大，除 2015 年较低外，其他年份均高于 2010 年数值，其中，2018 年增加了 2.98%。控制段河岸带植被覆盖度整体良好，绝大部分区域为高植被覆盖区，面积占比保持在 78% 以上，其中 2013 年高达 91.84%；低植被覆盖区占比较低。总体来看，高植被覆盖区面积占比呈增加趋势，中植被覆盖区面积占比呈减少趋势，低植被覆盖区面积占比基本不变。

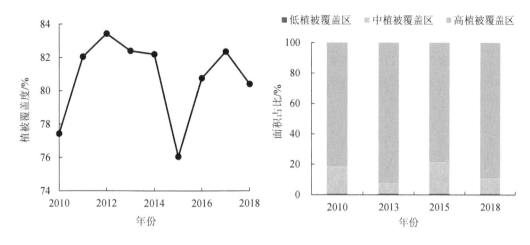

图 4-14 2010—2018 年马虎山控制段河岸带植被覆盖度

4.2.2.5 巨流河大桥控制段

2018 年巨流河大桥控制段河岸带植被覆盖度为 76.01%（图 4-15）。2010—2018 年植被覆盖度呈先增加再降低、再增加的变化趋势，以 2014 年数值最高，为 86.27%，2018 年相较 2010 年降低了 3.07%。河岸带植被整体良好，大部分区域为高植被覆盖区，其中 2013 年高达 91.47%；低植被覆盖区占比较低，2018 年最高为 0.45%；中植被覆盖区面积占比变化较大，其中 2013 年最低，为 8.13%，2015 年最高，为 32.97%。

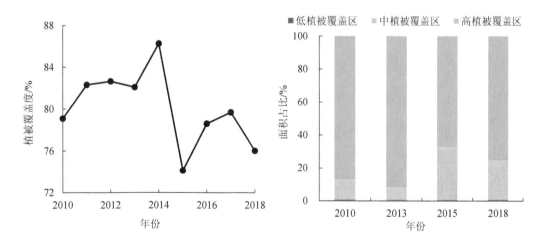

图 4-15 2010—2018 年巨流河大桥控制段河岸带植被覆盖度

4.2.2.6　红庙子控制段

2018年红庙子控制段河岸带植被覆盖度为76.26%（图4-16）。2010—2018年植被覆盖度呈先增加后降低的趋势，以2013年数值最高，为86.84%，2018年相比2010年下降了3.93%。河岸带以高、中植被覆盖区为主，2018年高植被覆盖区占比为73.65%，相比2010年减少了14.08%；中等植被覆盖区占比为26.35%，相比2010年增加了14.08%。

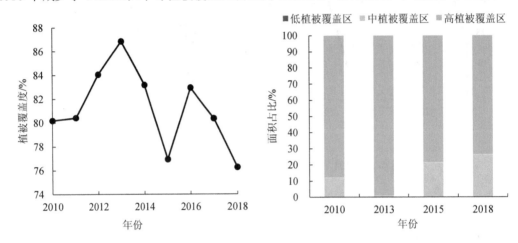

图4-16　2010—2018年红庙子控制段河岸带植被覆盖度

4.2.2.7　曙光大桥控制段

2018年曙光大桥控制段河岸带植被覆盖度为79.26%（图4-17）。2010—2018年河岸带植被覆盖度呈现先增加后降低再增加的变化趋势，以2013年数值最高，为79.97%，2018年相较2010年增加了3.87%。河岸带以高植被覆盖区为主，2018年高植被覆盖区面积占比高达84.43%，相较2010年增加了13.79%，中植被覆盖区面积占比显著下降，低植被覆盖区面积占比基本不变。

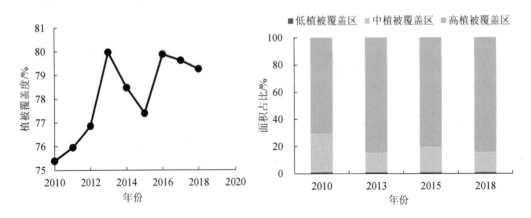

图4-17　2010—2018年曙光大桥控制段河岸带植被覆盖度

4.2.2.8　赵圈河控制段

赵圈河控制段由于滩涂分布较广，河岸带植被覆盖度处于一般水平，2018 年为 58.28%（图 4-18）。2010—2018 年植被覆盖度呈现先增加后降低的趋势，2013 年植被覆盖度最大，为 64.28%，2013—2016 年出现明显下降趋势，约下降了 6.09%，2018 年相比 2010 年下降了 0.99%。2018 年高植被覆盖区面积占比 63.61%，相比 2010 年增加了 0.64%；低植被覆盖区面积占比为 27.13%，相比 2010 年减少了 2.11%。

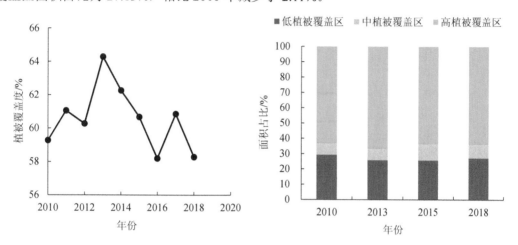

图 4-18　2000—2018 年赵圈河控制段河岸带植被覆盖度

4.2.3　水环境质量

4.2.3.1　福德店控制段

控制段内共有 2 个国控监测断面，其中，西辽河入河口设有二道河子国控断面，水质考核标准为 V 类，东西辽河汇入口设有福德店国控断面，水质考核标准为Ⅳ类。2020 年二道河子国控断面各月水质均达到Ⅳ类及以上标准，V 类水占比相较 2015 年减少 33%，相较 2010 年减少 45%，水质优良比例提高 23%。福德店国控断面水质自 2013 年以来明显改善，由 2010 年的劣 V 类提升为 2013 年的Ⅳ类后，再提升为 2019 年的Ⅲ类，但 2018 年出现反弹，3—5 月均为劣 V 类，6 月后水质状况好转。

福德店断面主要污染物年均浓度数据显示（图 4-19），2012—2018 年生化需氧量年均浓度均符合Ⅳ类水质标准，且呈先增加后降低趋势；氨氮年均浓度除 2018 年超标外，其他年份均符合Ⅳ类水质标准；化学需氧量年均浓度均符合Ⅳ类标准。

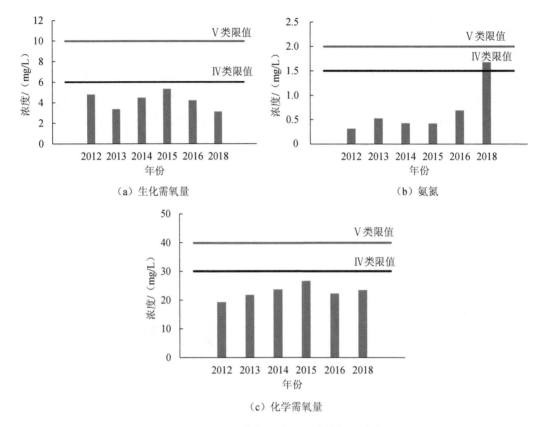

（a）生化需氧量   （b）氨氮

（c）化学需氧量

图 4-19　福德店断面主要污染物年均浓度

4.2.3.2　三合屯控制段

控制段内有 3 处监测断面，其中，辽河干流设有三合屯国控断面，八家子河设有八家子河入河口省控断面，招苏台河设有通江口国控断面，其水质考核标准分别为Ⅳ类、Ⅴ类、劣Ⅴ类。2010—2019 年三合屯断面水质由劣Ⅴ类提升至Ⅳ类，水环境质量明显改善，2015—2019 年除 2018 年水质出现反弹为Ⅴ类外，其他年份均为Ⅳ类。2015—2019 年八家子河入河口断面水质均为Ⅴ类；招苏台河通江口断面水质较差，2019 年为Ⅴ类，2015年、2017 年和 2018 年均为劣Ⅴ类。

2015—2019 年各监测断面主要污染物年均浓度数据显示，2019 年三合屯断面主要污染物浓度均符合Ⅳ类水质标准，且为 5 年内最低值，生化需氧量在 2016 年超标、氨氮在 2018 年超标，化学需氧量在 2015 年超标，其他年份主要污染物浓度均符合Ⅳ类水质标准；2019 年八家子河入河口断面主要污染物浓度均符合Ⅴ类水质标准，除 2016 年总磷超标外，其他年份主要污染物浓度均符合Ⅴ类水质标准；2019 年通江口断面主要污染物浓度均符合Ⅳ类水质标准，且为 5 年内最低，2015—2018 年主要污染物时有超标，其中，2015 年总磷超标，2017 年和 2018 年氨氮和总磷超标（图 4-20）。

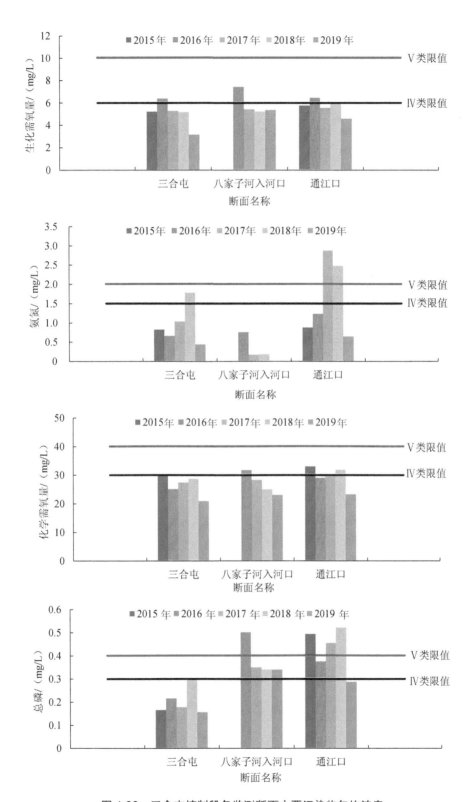

图 4-20　三合屯控制段各监测断面主要污染物年均浓度

4.2.3.3　珠尔山控制段

珠尔山控制段水质监测断面较多,有 6 个国控断面。其中,辽河干流设有珠尔山国控断面和双安桥断面,水质考核标准均为Ⅳ类;亮子河设有亮子河入河口国控断面,水质考核标准为Ⅴ类;清河设有清辽断面和清河水库入库口 2 个国控断面,其水质考核标准分别为Ⅳ类和Ⅲ类。王河设有大台山闸补充监测断面,其水质控制目标为Ⅳ类;柴河设有柴河水库入库口和东大桥 2 个国控断面,水质考核标准均为Ⅲ类;凡河设有凡河一号桥国控断面和黄河子断面,其水质考核标准分别为Ⅲ类、Ⅲ～Ⅳ类;长沟河设有宋荒地断面,水质考核标准为Ⅲ～Ⅳ类;拉马河设有拉马桥断面,水质考核标准为Ⅳ类。

各水质断面监测数据显示,2015—2019 年珠尔山断面全年水质为Ⅳ类,仅个别月份出现化学需氧量、生化需氧量、氨氮等超标现象,氨氮和总磷污染物年均值均符合Ⅲ类水质标准(图 4-21)。双安桥断面 2018 年氨氮污染物超标,其他年份各污染物年均值均符

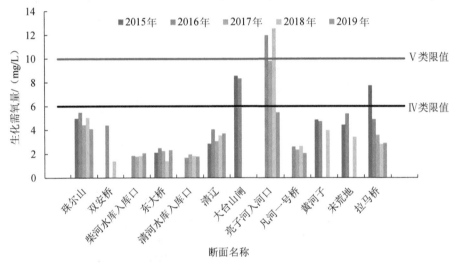

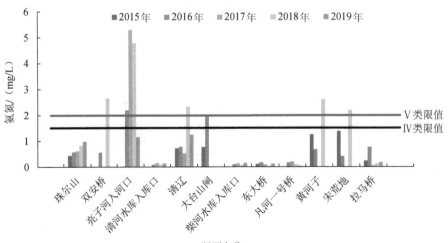

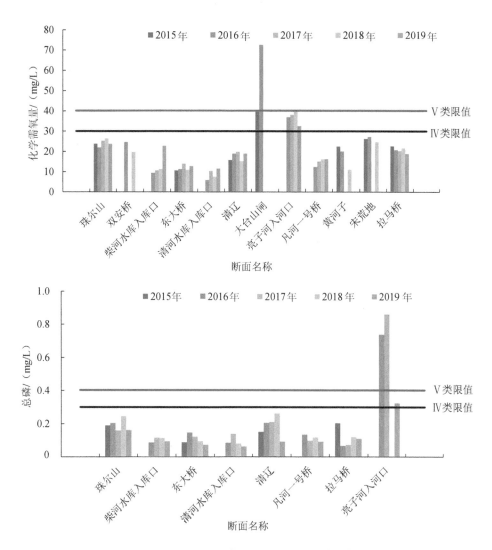

图 4-21 珠尔山控制段各监测断面主要污染物年均浓度

合Ⅳ类标准。受汇水区域内农村生活污水和畜禽养殖影响，亮子河入河口断面 2015—2018 年水质均为劣Ⅴ类，超标因子主要为化学需氧量、氨氮和总磷，但 2019 年水质改善明显，全年为Ⅴ类。清辽断面汇水范围内由于部分生活污水直排、雨污混排、沿河存在畜禽粪污及垃圾无序堆存现象，导致断面水质不能稳定达标，其中，2018 年、2019 年、2020 年个别月份，断面水质为劣Ⅴ类，超标因子主要为氨氮、化学需氧量等。大台山闸断面 2015—2016 年水质以Ⅴ类和劣Ⅴ类为主，2018 年水质改善，为Ⅳ类。2019 年柴河水库入库口全年水质为Ⅳ类，其他年份个别月份出现化学需氧量、生化需氧量、氨氮、总磷、铅等超标现象。东大桥断面水质状况较好，2015 年为Ⅱ类，2016—2019 年为Ⅲ类。凡河一号桥断面 2016—2019 年全年水质为Ⅲ类，个别月份出现如化学需氧量、生化需氧量、氨氮、石油类等超标现象。黄河子断面2015—2018年水质类别为Ⅳ类，个别月份出现生化需氧量、氨氮等超标现象。宋荒地断面2015年、2016年水质为Ⅳ类，个别月份出现化学需氧量、生化需氧量等超标现象；2018年断面水质较差，4月、5月水质为劣Ⅴ类。拉马桥断面2016—2019年水质为Ⅳ类，2016年6月和2018年8月化学需氧量出现偶发性超标。

4.2.3.4 马虎山控制段

马虎山控制段在辽河干流设有马虎山国控断面，其水质考核标准为Ⅳ类；在长河沿线布设七星湿地和友谊桥断面，其水质考核标准为Ⅳ类；在左小河设有八间桥断面，水质控制目标为Ⅴ类；在三面船乡小河设有三面船断面，水质控制目标为Ⅳ类。

2015—2019年各断面污染物浓度监测数据显示，2019年马虎山断面主要污染物浓度均符合Ⅳ类水质标准，其中氨氮为5年最低，达到Ⅱ类标准（图4-22）。2018年友谊桥断面主要污染物浓度均符合Ⅳ类水质标准，其中，氨氮和化学需氧量分别由2015年的劣Ⅴ类提升至2018年的Ⅱ类和Ⅲ类。2019年七星湿地断面氨氮、生化需氧量和总磷符合Ⅳ类水质标准，但化学需氧量超标；2017—2019年氨氮、生化需氧量均符合Ⅳ类水质标准，但总磷在2018年出现反弹，超过Ⅳ类标准0.1倍，其余年份均达标。2018年八间桥断面主要污染物浓度均符合Ⅳ类水质标准，其中，氨氮和化学需氧量分别由2015年的劣Ⅴ类提升至2018年的Ⅲ类。2018年三面船断面主要污染物浓度均符合Ⅳ类水质标准，其中氨氮保持在Ⅱ类，生化需氧量提升为Ⅲ类。

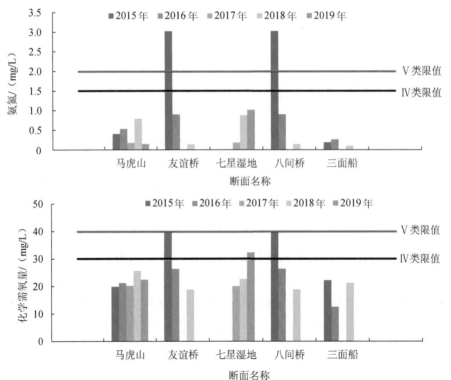

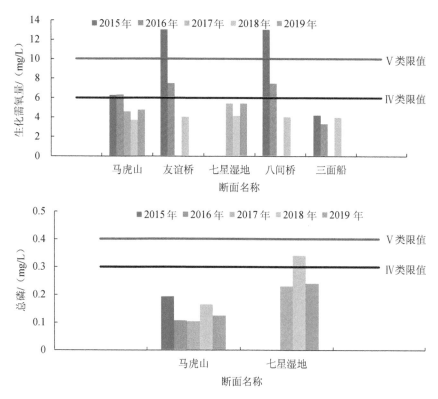

图 4-22　马虎山控制段各监测断面主要污染物年均浓度

4.2.3.5　巨流河大桥控制段

巨流河大桥控制段设有 3 处国控监测断面，其中，巨流河大桥为辽河干流 2016 年新增国控断面，考核目标为Ⅳ类，秀水河设有秀水桥断面，养息牧河设有旧门桥断面。2016—2019 年各监测断面主要污染物浓度显示，2019 年巨流河大桥主要污染物年均值均符合Ⅲ类水质标准，其中，生化需氧量呈逐年下降趋势；氨氮除在 2016 年出现超标外，其余各年较为稳定；总磷各年变化不大，均能达到Ⅲ类水质标准（图 4-23）。2019 年秀水桥断面生化需氧量和化学需氧量均符合Ⅳ类标准，氨氮和总磷分别符合Ⅱ类和Ⅲ类水质标准；各年间生化需氧量浓度较为稳定，氨氮浓度在 2017 年后下降明显，且连续 3 年达到Ⅱ类水质标准；总磷稳定符合Ⅲ类水质标准；化学需氧量则总体呈递增趋势，在 2018 年浓度最高，达到 25.5 mg/L。2019 年旧门桥断面各项污染物浓度均达到Ⅳ类水质标准；2016—2019 年氨氮由Ⅴ类提升为Ⅲ类；化学需氧量均能达到Ⅳ水质标准，2018 年最高，为28.5 mg/L；生化需氧量在 2018 年超标，超标倍数为 0.1 倍，其余各年均达标；氨氮在2016 年超标，超标倍数为 0.3 倍，其余各年均能达到Ⅲ类水质标准；总磷在 2018 年超标，超标倍数为 0.6 倍，其余年份则较为稳定，均能达到Ⅲ类水质标准。

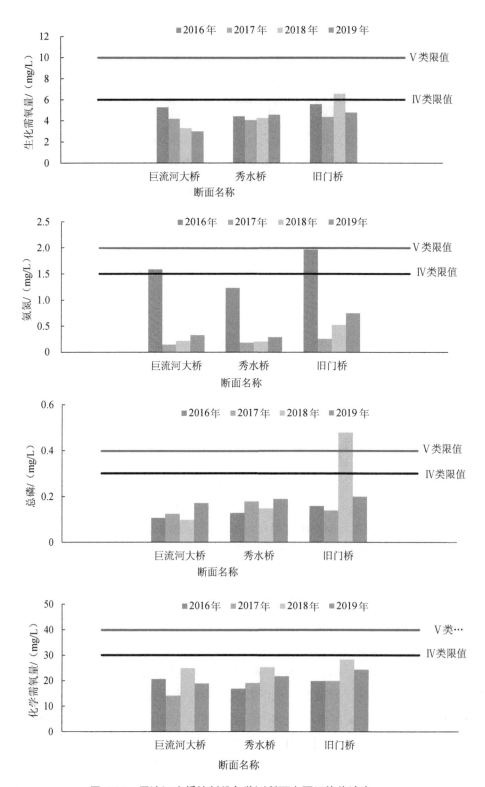

图 4-23 巨流河大桥控制段各监测断面主要污染物浓度

4.2.3.6　红庙子控制段

红庙子控制段设有 4 处监测断面，其中，辽河干流设有红庙子和盘锦兴安 2 处国控断面，柳河设有柳河桥国控断面，付家窝堡排干设有付家窝堡断面。2015—2019 年红庙子、盘锦兴安和柳河桥断面年均水质以Ⅳ类为主，仅盘锦兴安断面在 2017 年化学需氧量为Ⅴ类。付家窝堡断面水质较差，2015 年、2016 年、2018 年年均水质均为劣Ⅴ类。2015—2019 年各断面主要污染物浓度年均值显示（图 4-24），2019 年红庙子断面除氨氮符合Ⅱ类水质标准外，其余污染物均符合Ⅳ类水质标准；各年间氨氮浓度除 2016 年为Ⅲ类外，其他年份均符合Ⅱ类标准；化学需氧量呈逐年增加趋势，2019 年达到 27.36 mg/L；生化需氧量除 2018 年外，总体呈降低趋势；高锰酸盐指数总体较好。2019 年柳河桥断面氨氮符合Ⅰ类水质标准，各年间氨氮除 2016 年较高外，总体呈降低趋势；化学需氧量、生化需氧量和高锰酸盐指数均符合Ⅳ类水质标准，但个别月份偶尔超标；总磷除 2016 年偶发超标外，其他年份均稳定达到Ⅳ类水质标准。2019 年盘锦兴安断面氨氮符合Ⅱ类标准，其他年份均能达到Ⅲ类标准；化学需氧量浓度呈增加趋势，其中 2018 年超过Ⅳ类标准；生化需氧量呈增加趋势，2019 年临近Ⅴ类限值；高锰酸盐指数与化学需氧量变化趋势一致；总磷浓度均处于较好状态。

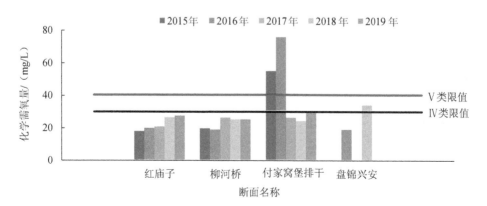

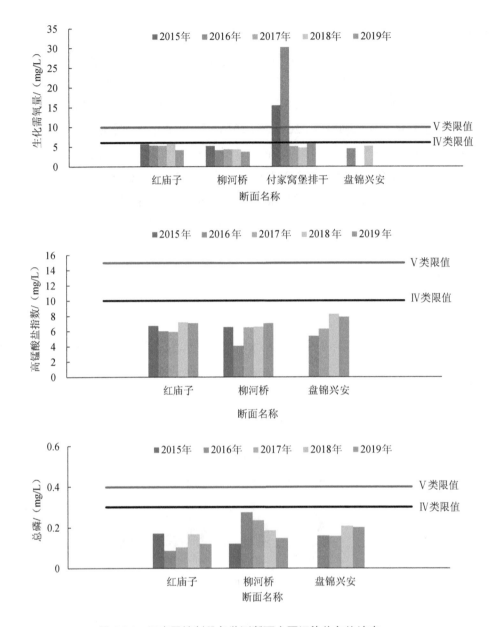

图 4-24　红庙子控制段各监测断面主要污染物年均浓度

4.2.3.7　曙光大桥控制段

2020 年曙光大桥控制段水质为Ⅳ类，主要超标污染物为总氮。2015—2020 年该区段水环境质量基本保持稳定，2018 年、2019 年水质为Ⅴ类，主要超标污染物为化学需氧量和总氮。主要污染物年均浓度显示（图 4-25），这一期间各监测断面溶解氧、高锰酸盐指数年均浓度均符合Ⅳ类标准，且总体呈逐年增加趋势；除新生桥、于岗子外，其他断面生化需氧量、氨氮、化学需氧量、总磷均符合Ⅳ类标准；各监测断面总磷浓度均偏高，均不

符合Ⅴ类标准。曙光大桥控制段水质较差的主要原因一是上游来水水质差，盘锦兴安断
面水质为Ⅳ类，主要超标污染物为总氮；二是汇水支流水质差，汇水支流中螃蟹沟、太平
总干 2020 年水质为Ⅴ类，2018 年、2019 年水质为劣Ⅴ类，2020 年两条河流的主要超标
污染物为化学需氧量和总氮。

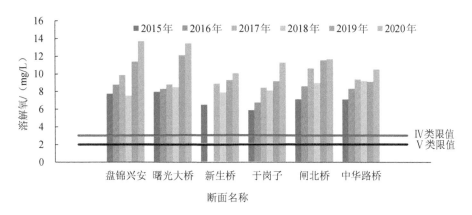

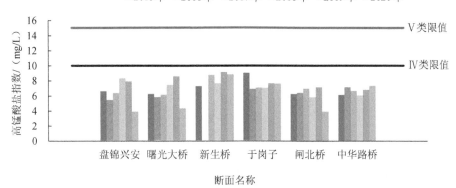

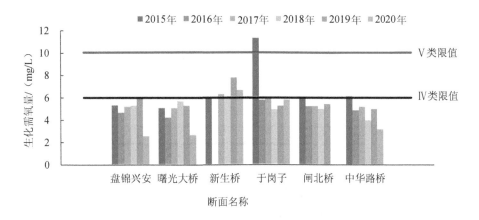

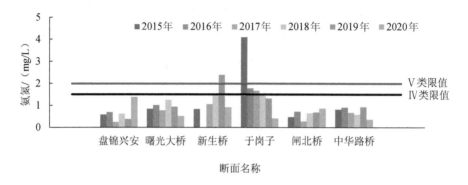

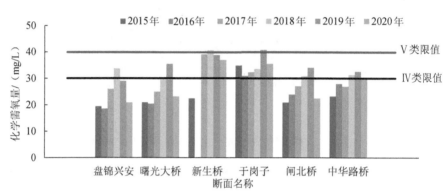

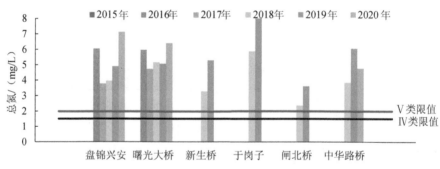

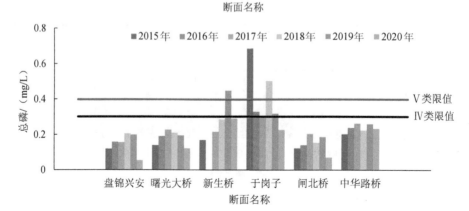

图 4-25 曙光大桥控制段各监测断面主要污染物年均浓度

4.2.3.8 赵圈河控制段

控制段内主要有 4 处监测断面，其中，辽河干流设有曙光大桥和赵圈河 2 处国控断面，清水河设有清水河闸断面，绕阳河设有胜利塘国控断面（表 4-7）。2019 年曙光大桥水质为 V 类，主要超标污染物为总氮；赵圈河断面水质为 IV 类，化学需氧量时有超标；清水河水质较差，2018 年和 2019 年均为劣 V 类，主要超标污染物有高锰酸盐指数、化学需氧量、生化需氧量和总磷；2017—2019 年胜利塘水质均为 V 类。

表 4-7 2015—2019 年赵圈河控制段水质状况

所在水体	断面名称	2015 年	2016 年	2017 年	2018 年	2019 年
辽河干流	曙光大桥	IV	IV	IV	V	V
辽河干流	赵圈河	IV	IV	IV	IV	IV
清水河	清水河闸	V	V	V	劣 V	劣 V
绕阳河	胜利塘	IV	IV	V	V	V

2015—2019 年各监测断面主要污染物年均浓度显示，2019 年清水河闸断面水质较差，其中氨氮、化学需氧量和总磷均为劣 V 类，高锰酸盐指数和生化需氧量为 V 类（图 4-26）。2019 年胜利塘断面除生化需氧量为 V 类外，其他主要污染物均符合 IV 类水质标准，但各年间各项污染物浓度变化不大。2019 年曙光大桥断面除化学需氧量为 V 类外，其他主要污染物均符合 IV 类水质标准，其中化学需氧量呈逐年上升趋势，其他污染物浓度变化不大。2019 年赵圈河断面主要污染物浓度均符合 IV 类水质标准，其中氨氮和生化需氧量均为 5 年最低，均达到 III 类水质标准。

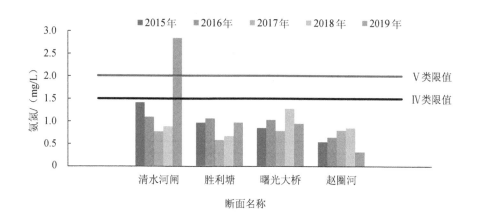

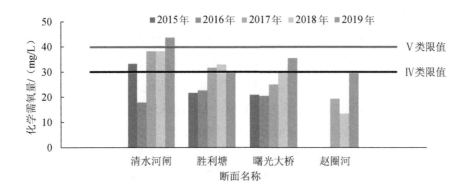

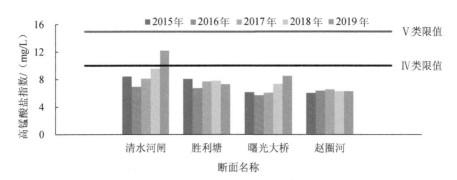

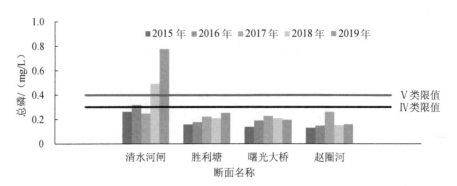

图 4-26　赵圈河控制段各监测断面主要污染物年均浓度

4.3　主要生态修复工程区生态系统格局与质量

4.3.1　封育工程

选取柳河口至秀水河口、石佛寺至七星山、银州区至凡河口 3 处河岸带生态封育工程示范段开展生态系统格局与质量分析。

4.3.1.1　生态系统分布特征

2010—2018 年 3 处示范段累计完成退耕面积为 65.33 km²，退耕后农田面积占比不足 1%，林、草、湿地面积显著增加，累计增加了 64.80 km²。其中，柳河口至秀水河口段 27.11 km² 的农田基本实现全面退耕，草地和湿地面积分别增加了 18.75 km² 和 5.45 km²。石佛寺至七星山段 11.04 km² 的农田实现全面退耕，林地和草地面积分别增加了 0.75 km² 和 8.00 km²。银州区至凡河口段 27.96 km² 的农田基本实现全面退耕，草地和湿地面积分别增加了 24.02 km² 和 4.44 km²。

从各生态系统类型面积占比来看（图 4-27），2010—2018 年柳河口至秀水河口示范段农田面积占比下降了 33.36%，林、草、湿地、水体面积总占比增加了 33.47%，建设用地面积占比略有下降，约为 0.12%。石佛寺至七星山示范段农田面积占比下降了 25.93%，林、草、湿地面积总占比增加了 24.54%，建设用地面积占比略有增加，约为 1.35%。银州区至凡河口示范段农田面积占比下降了 61.15%，林、草、湿地面积总占比增加了 61.09%，建设用地面积占比略有增加，约为 0.05%。

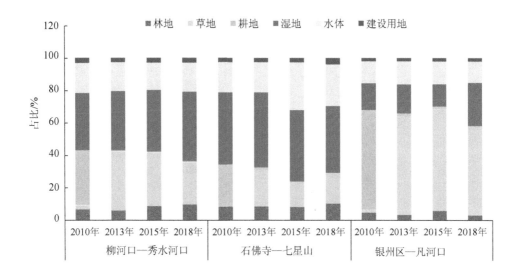

图 4-27　辽河保护区生态封育工程示范段各生态系统类型面积占比及变化

4.3.1.2　植被覆盖度

2018 年，柳河口至秀水河口、石佛寺至七星山、银州区至凡河口示范段河岸带植被覆盖度分别为 66.66%、81.29% 和 80.84%（图 4-28、图 4-29）。2010—2018 年柳河口至秀水河口示范段植被覆盖度呈先增加后降低趋势，由 75.37% 降至 66.66%。石佛寺至七星山段和银州区至凡河口段植被覆盖度均呈增加趋势，其中，前者增加最为显著，植被覆盖度由 74.38% 增加至 81.29%，后者由 77.67% 增加至 80.84%。

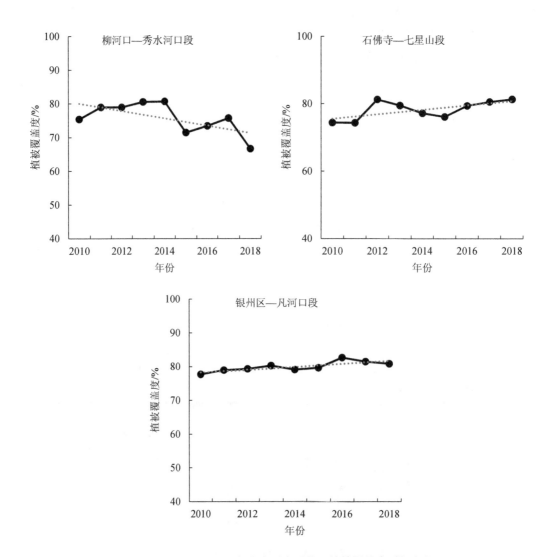

图 4-28　2010—2018 年生态封育示范段植被覆盖度时间变化

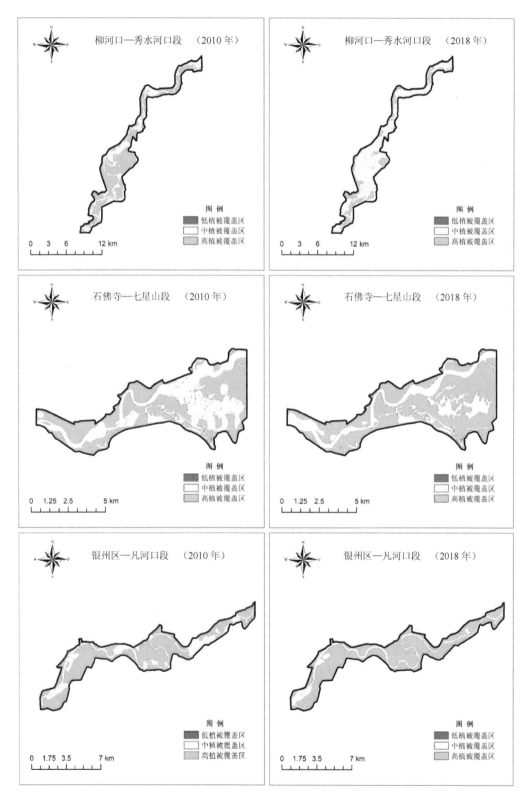

图 4-29　2010—2018 年生态封育示范段植被覆盖度空间分布

4.3.1.3 水环境质量

辽河干流银州区至凡河口段设有双安桥监测断面，下游设有珠尔山监测断面，主要汇入支流为柴河、凡河；石佛寺至七星山段辽河干流无监测断面，该段上游设有珠尔山监测断面，下游设有马虎山监测断面，主要汇入支流为柴河；柳河口至秀水河口段设有红庙子监测断面，主要汇入支流为秀水河、养息牧河和柳河。

2018 年双安桥断面水质出现反弹，1—4 月断面水质为劣Ⅴ类，主要超标项为氨氮，5—9 月水质明显好转，为Ⅲ类。2010—2018 年双安桥监测断面水质波动较大，其中，2013 年 1—11 月水质优良频次为 4，劣Ⅴ类频次为 1；2014 年 1—12 月水质优良频次为 3，劣Ⅴ类频次为 0；2018 年劣Ⅴ类频次高达 4。2019 年珠尔山监测断面年均水质为Ⅳ类，氨氮、化学需氧量、总磷年均浓度分别为 0.89 mg/L、24.0 mg/L 和 0.16 mg/L，其中氨氮和总磷两项污染物均符合Ⅲ类水质标准。除 2010 年年均水质为Ⅴ类外，2010—2019 年其他年份均符合Ⅳ类水质标准。其中，氨氮和总磷浓度呈先减少后增加趋势，化学需氧量呈增加趋势，但仍符合Ⅳ类水质标准。2019 年马虎山监测断面年均水质为Ⅳ类，氨氮、化学需氧量、总磷年均浓度分别为 0.16 mg/L、23 mg/L 和 0.12 mg/L。除 2010 年年均水质为Ⅴ类外，2010—2019 年其他年份符合Ⅳ类水质标准。2019 年红庙子监测断面年均水质为Ⅳ类，氨氮、化学需氧量、总磷年均浓度分别为 0.21 mg/L、27 mg/L 和 0.12 mg/L，其中，氨氮和总磷符合Ⅱ类水质标准。除 2010 年年均水质为Ⅴ类外，2010—2019 年其他年份符合Ⅳ类水质标准。主要污染物中，氨氮和总磷呈显著降低趋势，化学需氧量则呈增加趋势，但各年均符合Ⅳ类水质标准。

4.3.2 湿地工程

由于支流污染是影响辽河干流水质的主要因素，因此，重点针对东西辽河汇入口湿地、八家子河入河口湿地、招苏台河入河口湿地、长河入河口七星湿地 4 处支流湿地工程区进行生态系统质量评估。

4.3.2.1 植被覆盖度

2018 年东西辽河汇入口湿地、八家子河入河口湿地、招苏台河入河口湿地和长河入河口湿地河岸带植被覆盖度分别为 86.62%、78.00%、79.98%和 81.73%（图 4-30）。2010—2018 年东、西辽河汇入口湿地和招苏台河入河口湿地植被覆盖度总体变化不大，分别在 84.71%和 82.51%上下波动；长河入河口七星湿地植被覆盖度显著增加，由 73.30%增加至 81.73%；八家子河入河口湿地植被覆盖度略有降低趋势。

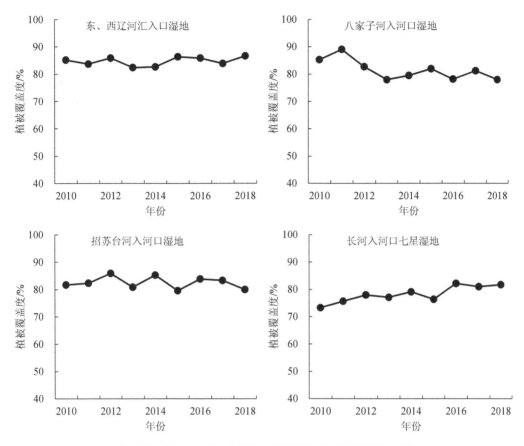

图 4-30 2010—2018 年辽河干流湿地工程植被覆盖度变化

4.3.2.2 水环境质量

2019 年，东、西辽河汇入口湿地福德店断面、八家子河入河口湿地八家子河断面、招苏台河入河口湿地通江口断面和长河汇入口七星湿地友谊桥断面年均水质分别为Ⅲ类、Ⅴ类、Ⅴ类和Ⅳ类，相较 2010 年各水质监测断面水环境质量均明显改善。由表 4-8 可知，福德店断面水质由 2010 年的劣Ⅴ类改善为 2015 年的Ⅳ类，除 2018 年出现氨氮超标外，2015—2019 年其他年份均符合Ⅳ类水质标准。八家子河入河口断面水质由 2010 年的劣Ⅴ类改善为 2015 年的Ⅳ类，2016—2019 年除 2016 年出现总磷超标外，其他年份均符合Ⅴ类水质标准。招苏台河入河口湿地断面水质总体较差，除 2016 年和 2019 年符合Ⅴ类外，2010—2019 年其他年份均为劣Ⅴ类。长河汇入口七星湿地友谊桥断面水质在 2017 年后改善明显，由劣Ⅴ类提升至Ⅳ类。

表 4-8　2010—2019 年辽河保护区主要湿地工程区水质类别

湿地工程	东西辽河汇入口湿地	八家子河入河口湿地	招苏台河入河口湿地	长河汇入口七星湿地
监测断面	福德店	八家子河	通江口	友谊桥（七星湿地）
2010 年	劣Ⅴ类，主要污染物为氨氮	劣Ⅴ类，主要污染物为化学需氧量、高锰酸盐指数、生化需氧量、总磷等	劣Ⅴ类，主要污染物为氨氮、总磷、挥发酚	劣Ⅴ类，主要污染物为氨氮、石油类、生化需氧量
2015 年	Ⅳ类	Ⅳ类	劣Ⅴ类，主要污染物为生化需氧量、化学需氧量和氨氮	劣Ⅴ类，主要污染物为生化需氧量、氨氮、化学需氧量
2016 年	Ⅳ类	劣Ⅴ类，主要污染物为总磷	Ⅴ类	劣Ⅴ类，主要污染物为生化需氧量、氨氮、化学需氧量
2017 年	Ⅳ类	Ⅴ类	劣Ⅴ类，主要污染物为氨氮、总磷	Ⅳ类
2018 年	Ⅴ类，主要污染物为氨氮	Ⅴ类	劣Ⅴ类，主要污染物为氨氮、化学需氧量、总磷	Ⅳ类
2019 年	Ⅲ类	Ⅴ类	Ⅴ类	Ⅳ类

第5章 辽河保护区生态资源资产

生态资源资产是辽河保护区重要的资产类型,本章对保护区水资源供给、水源涵养、土壤保持、生态系统固碳、物种保育更新、休憩服务等各项生态系统服务的实物量和价值量进行了评估,分析了总体构成和时空动态变化特征,以及不同生态系统类型的生态资源资产变化情况。为了更详细反映保护区生态保护成效,又对不同控制段、不同重点生态工程区的生态资源资产进行了评估。

5.1 总体生态资源资产

5.1.1 水资源供给

5.1.1.1 水资源量与水质当量

2013—2016 年辽河保护区平均水资源量为 21.18 m³,其中福德店、三合屯、珠尔山、马虎山、红庙子和六间房 6 处监测断面的水资源量平均值分别为 7.07 亿 m³、10.27 亿 m³、23.68 亿 m³、29.07 亿 m³、28.05 亿 m³ 和 28.94 亿 m³(图 5-1)。各断面水资源量年内分布均以 7—9 月为最高,分别占全年总量的 49.19%、50.71%、43.19%、49.04%、50.51% 和 49.84%。各断面水量年际波动较大,以六间房为例,2013 年约为 2015 年的 6 倍。

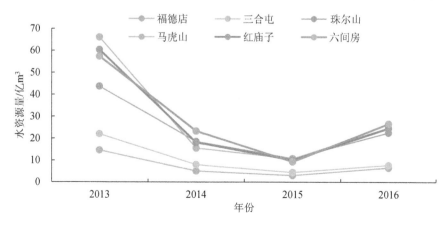

图 5-1 2013—2016 年辽河干流各监测断面水资源量

2018 年辽河保护区水质当量为 $13.1×10^6$，相比 2010 年增加了 $0.68×10^6$。2010—2018 年辽河保护区水质当量呈先增加后降低趋势，2013 年最高，数值为 $26.4×10^6$，2018 年偏低，主要原因是当年水质出现反弹，个别断面出现化学需氧量等污染物超标现象（图 5-2）。从各断面看，2018 年盘锦兴安和曙光大桥段水质较差，水质当量最低，红庙子和马虎山水质较好，水质当量最高。

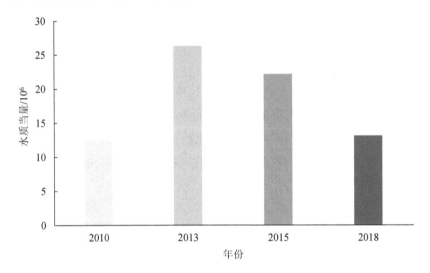

图 5-2　2010—2018 年辽河保护区水质当量

5.1.1.2　水资源供给服务价值量

2018 年辽河保护区水资源供给服务价值量为 12.99 亿元，其中，水资源价值量为 12.81 亿元，水环境质量价值量为 0.18 亿元（表 5-1）。从水环境质量价值组成来看，低浓度的化学需氧量对价值贡献最高，为 0.14 亿元。2010—2018 年辽河保护区水资源供给服务价值量呈先增加后降低的变化特征。相较 2010 年，2018 年水资源供给服务价值量增加了 0.02 亿元，其中，氨氮浓度降低贡献了 0.07 亿元，但化学需氧量浓度升高使价值量减少 0.04 亿元。

表 5-1　辽河保护区水资源供给服务价值量及构成　　　　　　　　　　单位：亿元

年份	水资源价值量	水环境质量价值量				水资源供给服务价值量
		氨氮	化学需氧量	总磷	合计	
2010	12.81	-0.04	0.18	0.01	0.16	12.97
2013	12.81	0.03	0.32	0.02	0.37	13.18
2015	12.81	0.04	0.27	0.02	0.34	13.15
2018	12.81	0.03	0.14	0.01	0.18	12.99

5.1.2　水源涵养

5.1.2.1　水源涵养服务时空动态变化

2018 年辽河保护区水源涵养量为 1.11 亿 m³，单位面积水源涵养量为 7.69 万 m³/km²（按照参与核算的生态系统面积统计，表 5-2）。2010—2018 年辽河保护区水源涵养量呈先快速增加再趋于稳定的变化趋势，共增加了 0.26 亿 m³，单位面积水源涵养量增加了 1.80 万 m³/km²。其中，2010—2013 年增加最快，水源涵养量增加了 0.27 亿 m³，单位面积水源涵养量增加了 1.75 m³/km²。

表 5-2　不同年份辽河保护区水源涵养量

年份	单位面积水源涵养量/（万 m³/km²）	水源涵养量/亿 m³
2010	5.89	0.85
2013	7.64	1.12
2015	7.65	1.11
2018	7.69	1.11

从辽河保护区水源涵养空间分布可以看出，2010 年水源涵养量空间分布与 2013 年、2015 年和 2018 年相比差别较大（图 5-3）。2010 年水源涵养量大部分都在 0～50 mm 和 50～75 mm；2013 年、2015 年和 2018 年则大多在 50～125 mm。2010—2018 年除辽河入海口附近的滩涂区域水源涵养量无明显变化外，其他区域均显著提升，其中，提升最明显的区域主要位于上游福德店至通江口段。

5.1.2.2　不同生态系统类型水源涵养服务

从区分生态系统类型可以看出，2010—2018 年辽河保护区草地生态系统水源涵养量显著增加，农田显著减少，林地略有增加，湿地则年际波动明显（表 5-3）。其中，2010 年保护区水源涵养量以湿地和农田为主，2018 年以湿地和草地为主。不同生态系统类型单位面积水源涵养量存在较大差异，以林地和草地数值较高，农田数值最低。2010 年、2013 年、2015 年和 2018 年，林地单位面积水源涵养量分别为 9.41 万 m³/km²、9.65 万 m³/km²、9.55 万 m³/km² 和 9.62 万 m³/km²，草地分别为 7.27 万 m³/km²、9.74 万 m³/km²、9.89 万 m³/km² 和 10.03 万 m³/km²，农田分别为 4.71 万 m³/km²、3.61 万 m³/km²、3.44 万 m³/km² 和 3.64 万 m³/km²。

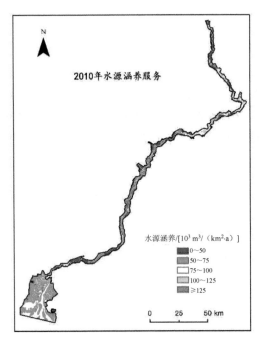

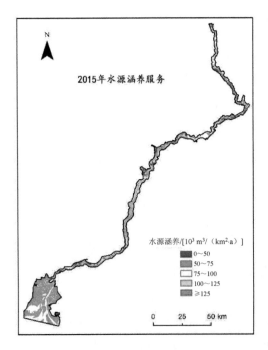

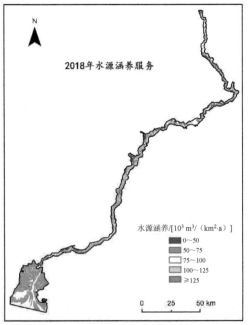

图 5-3　辽河保护区水源涵养空间分布

表 5-3　辽河保护区各生态系统类型水源涵养服务

生态系统类型	单位面积水源涵养量/（万 m³/km²）				水源涵养量/亿 m³			
	2010 年	2013 年	2015 年	2018 年	2010 年	2013 年	2015 年	2018 年
林地	9.41	9.65	9.55	9.62	0.05	0.07	0.08	0.08
草地	7.27	9.74	9.89	10.03	0.00	0.46	0.46	0.42
湿地	6.66	6.96	6.79	6.86	0.49	0.53	0.52	0.56
农田	4.71	3.61	3.44	3.64	0.31	0.06	0.04	0.04
总计	5.88	7.64	7.65	7.69	0.85	1.12	1.11	1.11

5.1.2.3　水源涵养服务价值量

2018 年辽河保护区水源涵养服务价值量为 6.84 亿元，其中，湿地生态系统最高，为 3.43 亿元，占比为 50.19%，其次是草地，价值量为 2.63 亿元，占比为 38.38%，林地和农田价值量较低，分别为 0.51 亿元和 0.27 亿元，占比分别为 7.45% 和 3.98%（表 5-4）。相较 2010 年，2018 年辽河保护区水源涵养价值量增加了 1.61 亿元，其中，草地生态系统增加最多，增加了 2.60 亿元，其次是湿地，增加了 0.43 亿元，林地增加了 0.2 亿元，农田则降低了 1.62 亿元。

表 5-4　辽河保护区水源涵养服务价值量　　　　　　　　　　　单位：亿元

生态系统类型	2010 年	2013 年	2015 年	2018 年
林地	0.31	0.43	0.51	0.51
草地	0.03	2.86	2.85	2.63
湿地	3.00	3.27	3.23	3.43
农田	1.89	0.35	0.28	0.27
辽河保护区	5.23	6.91	6.87	6.84

5.1.3　土壤保持

5.1.3.1　土壤保持服务时空动态变化

2010—2018 年辽河保护区土壤侵蚀强度主要为微度和轻度侵蚀（表 5-5），其中，微度侵蚀面积占比为 75%～83%，轻度侵蚀面积占比为 12%～14%，中度侵蚀及以上等级面积占比除 2010 年为 13% 外，其他各年均为 4%。从各等级面积变化情况来看，微度侵蚀面积呈增加趋势，面积占比增加了 8%，中度侵蚀及以上等级面积则呈减少趋势或基本不变。

表 5-5　辽河保护区土壤侵蚀强度分级

侵蚀等级/ (t/km²)	2010 年		2013 年		2015 年		2018 年	
	面积/km²	百分比/%	面积/km²	百分比/%	面积/km²	百分比/%	面积/km²	百分比/%
微度侵蚀 （<200）	1 092.38	75	1 202.72	82	1 191.64	81	1 207.05	83
轻度侵蚀 （200～2 500）	168.75	12	207.44	14	202.28	14	182.21	13
中度侵蚀 （2 500～5 000）	96.82	7	34.25	2	35.40	2	33.00	2
强度侵蚀 （5 000～8 000）	44.45	3	14.46	1	15.25	1	14.40	1
极强度侵蚀 （8 000～15 000）	32.81	2	10.74	1	11.42	1	10.31	1
剧烈侵蚀 （>15 000）	17.98	1	5.95	0	6.49	0	5.85	0

2018 年辽河保护区土壤保持量为 612.88 万 t，单位面积土壤保持量为 58.90 t/hm²（按照参与核算的各生态系统面积统计），减少泥沙淤积量为 93.57 万 m³，减少氮、磷、钾和有机质等养分流失量分别为 0.39 万 t、0.24 万 t、13.85 万 t 和 6.74 万 t（表 5-6）。2010—2018 年辽河保护区土壤保持量呈先增加后略微减少的变化趋势，总体上增加了 112.05 万 t，增长率为 22.37%，单位面积土壤保持量增加了 11.46 t/hm²，泥沙淤积量减少量增加了 17.39 万 m³，氮、磷、钾和有机质等养分流失量分别减少了 0.07 万 t、0.04 万 t、2.53 万 t 和 1.25 万 t。各年土壤保持量空间分布特征基本一致，相比 2010 年，其他年份土壤保持量高值区占比均有所增加（图 5-4）。

表 5-6　辽河保护区减少泥沙淤积和土壤养分保持量　　　　　单位：万 t

类别	2010 年	2013 年	2015 年	2018 年
泥沙淤积/万 m³	76.18	94.84	91.40	93.57
氮	0.32	0.40	0.39	0.39
磷	0.20	0.25	0.24	0.24
钾	11.32	14.06	13.54	13.85
有机质	5.49	6.83	6.60	6.74
土壤保持量	500.83	622.10	599.81	612.88

图 5-4　辽河保护区土壤保持量空间分布

5.1.3.2　不同生态系统类型土壤保持服务

辽河保护区各生态系统类型土壤保持量和单位面积土壤保持量存在较大差异，2018 年土壤保持量由高到低依次为草地、湿地、林地和农田，分别为 256.02 万 t、241.68 万 t、

62.71 万 t 和 52.47 万 t，单位面积土壤保持量由高到低依次为林地、草地、农田和湿地，分别为 75.50 t/hm²、61.55 t/hm²、43.15 t/hm² 和 35.86 t/hm²（表 5-7）。2010—2018 年辽河保护区除农田生态系统土壤保持量显著降低外，其他生态系统类型均明显增加，以草地增加最为明显，增加了 250.50 万 t，其次是湿地，增加了 33.74 万 t，林地增加了 11.03 万 t。单位面积土壤保持量除草地生态系统有所减少外，其他各生态系统类型均呈增加趋势，以农田增加最快，增加了 5.03 t/hm²，林地次之，增加了 3.81 t/hm²。

表 5-7   辽河保护区各生态系统土壤保持服务时间动态变化

生态系统类型	单位面积土壤保持量/（t/hm²）				土壤保持量/万 t			
	2010 年	2013 年	2015 年	2018 年	2010 年	2013 年	2015 年	2018 年
林地	71.69	70.70	71.73	75.50	51.68	48.75	59.16	62.71
草地	76.39	59.78	60.78	61.55	5.52	281.78	279.22	256.02
湿地	34.89	36.81	32.89	35.86	207.94	227.17	204.32	241.68
农田	38.12	40.71	43.66	43.15	235.69	64.39	57.10	52.47
辽河保护区	47.44	58.21	57.50	58.90	500.83	622.10	599.81	612.88

5.1.3.3   土壤保持服务价值量

2018 年辽河保护区土壤保持服务价值量为 10.30 亿元，单位面积土壤保持价值量为 0.80 元/m²（按照参与核算的各生态系统面积进行统计），减少泥沙淤积价值量为 0.22 亿元，减少氮、磷、钾和有机质等养分流失价值量分别为 0.79 亿元、0.46 亿元、7.43 亿元和 1.41 亿元（表 5-8）。2010—2018 年辽河保护区土壤保持价值量增加了 1.89 亿元，增长率为 22.47%；减少泥沙淤积价值量增加了 0.04 亿元，增长率为 22.22%；减少氮、磷、钾和有机质等养分流失价值量共增加了 1.86 亿元，增长率为 22.60%。

表 5-8   辽河保护区减少泥沙淤积和土壤养分流失价值量   单位：亿元

类别	2010 年	2013 年	2015 年	2018 年
泥沙淤积	0.18	0.22	0.21	0.22
氮	0.64	0.80	0.77	0.79
磷	0.37	0.46	0.45	0.46
钾	6.07	7.54	7.27	7.43
有机质	1.15	1.43	1.38	1.41
总价值	8.41	10.45	10.08	10.30

从区分生态系统类型可以看出，各类生态系统土壤保持价值量差别较大，2010 年以湿地和农田为主，2013—2018 年以湿地和草地为主（表 5-9）。2018 年草地土壤保持价值

量为 4.33 亿元，占比为 40.04%，湿地为 4.04 亿元，占比为 39.22%，林地、农田价值量分别为 1.04 亿元和 0.89 亿元，占比分别为 10.10% 和 8.64%。从各生态系统类型价值量时间变化来看，除农田生态系统外，其他生态系统土壤保持价值量均呈增加趋势，2010—2018 年草地、湿地和林地价值量分别增加了 4.24 亿元、0.56 亿元和 0.17 亿元。

表 5-9　辽河保护区各生态系统类型减少泥沙淤积和土壤养分流失价值量

单位：亿元

类别		2010 年	2013 年	2015 年	2018 年
林地	泥沙	0.02	0.02	0.02	0.02
	氮	0.07	0.07	0.09	0.09
	磷	0.04	0.04	0.05	0.05
	钾	0.61	0.57	0.69	0.73
	有机质	0.13	0.12	0.15	0.16
	合计	0.87	0.82	0.99	1.04
草地	泥沙	0.00	0.10	0.10	0.09
	氮	0.01	0.37	0.36	0.34
	磷	0.00	0.21	0.20	0.19
	钾	0.06	3.37	3.37	3.11
	有机质	0.01	0.65	0.65	0.60
	合计	0.09	4.69	4.68	4.33
湿地	泥沙	0.07	0.08	0.07	0.08
	氮	0.25	0.28	0.25	0.27
	磷	0.16	0.17	0.15	0.20
	钾	2.55	2.81	2.50	2.95
	有机质	0.46	0.50	0.45	0.53
	合计	3.48	3.83	3.42	4.04
农田	泥沙	0.08	0.02	0.02	0.02
	氮	0.31	0.08	0.08	0.07
	磷	0.17	0.05	0.04	0.04
	钾	2.86	0.80	0.71	0.65
	有机质	0.55	0.15	0.14	0.12
	合计	3.97	1.11	0.98	0.89
总计		8.41	10.45	10.08	10.30

5.1.4　生态系统固碳

5.1.4.1　生态系统固碳服务时空动态变化

2010—2018年辽河保护区生态系统固碳服务呈增加趋势,增长率为117.13%(图5-5)。其中,2010年辽河保护区为碳源,年碳释放量为26.56万tC,单位面积碳释放量为142.10 g C/（m²·a）。2013年总体呈现碳中性状态,固碳量为0.62万tC,平均固碳量为3.30 g C/（m²·a）。此后,辽河保护区由碳源转变为碳汇,2015年固碳量为3.80万tC,平均固碳量为20.30 g C/（m²·a）,2018年固碳量为4.55万tC,平均固碳量为24.34 g C/（m²·a）。

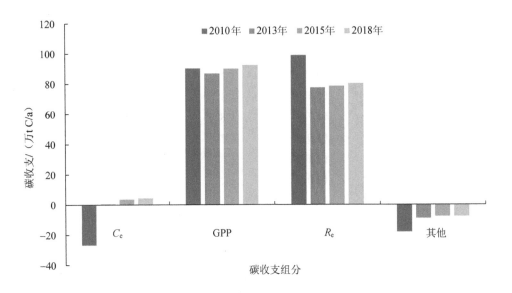

图5-5　辽河保护区生态系统碳收支时间动态变化

从生态系统固碳服务各组分来看,总初级生产力（GPP）和生态系统呼吸（R_e）呈先减小后增加的变化趋势,其他组分（包括农田收获引起的碳损失、秸秆还田引起的碳返还、甲烷释放引起的碳损失三个分量）为负值,呈增加的趋势（图5-5）。2010年辽河保护区GPP小于R_e,分别为90.40万tC和98.93万tC,其他组分释放的碳量为18.03万tC。其他年份则均为GPP大于R_e,其中,2018年GPP和R_e分别为92.68万tC和80.45万tC,其他组分释放的碳量为7.68万tC,相较2010年,GPP和其他组分分别增长了2.52%和57.40%,R_e降低了18.68%。

从空间分布格局来看,2010年辽河保护区除辽河口国家级自然保护区外大部分区域呈较强的碳源状态,数值大多分布在0~400 g C/（m²·a）,2013年碳源区域大量减少,数值主要集中在0~200 g C/（m²·a）,2015年和2018年碳源区域进一步减少,碳汇区域不断增多（图5-6）。辽河口国家级自然保护区生态系统固碳量较高,因此,辽河保护区下游区域固碳量高于上游和中游，而上游和中游两个区域没有较明显的差别。

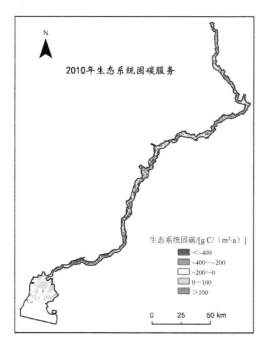

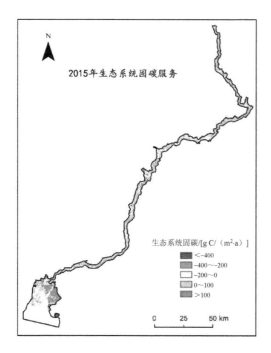

图 5-6　辽河保护区生态系统固碳服务空间动态变化

5.1.4.2　不同生态系统类型固碳服务

区分生态系统类型可以看出，除水田和旱地始终为碳源外，其他生态系统类型总体上均为碳汇（图5-7）。从时间动态变化来看，2010—2018年辽河保护区除旱地固碳量呈先增加后减少的变化趋势外，其他各生态系统类型均呈增加的趋势。与2010年相比，2018年草地固碳量增加最快，增长率为305.25%，其次为湿地，增长率为155.48%，水田增长率最低，为31.48%。

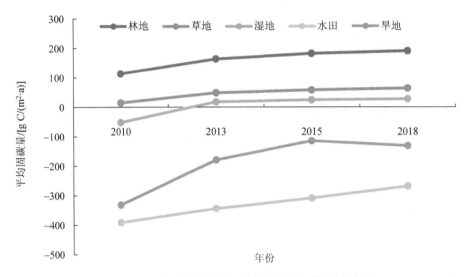

图 5-7　辽河保护区各生态系统固碳服务时间动态变化

5.1.4.3　生态系统固碳服务价值量

2018年辽河保护区生态系统固碳服务价值量为0.46亿元，草地固碳服务价值量最高，为0.33亿元，湿地和林地价值量相当，数值分别为0.21亿元和0.19亿元，水田和旱地由于是碳源，价值量为负值，数值分别为-0.14亿元和-0.12亿元（表5-10）。相较2010年，2018年辽河保护区生态系统固碳服务价值量增加了3.16亿元，其中，旱地增加最多，增加了2.06亿元，其次是湿地，增加了0.53亿元，林地增加最少，增加了0.08亿元。

从各生态系统固碳服务价值量构成上看，2018年草地生态系统固碳服务价值量占比最大，数值为70.71%，湿地和林地数值相当，占比分别为44.51%和41.54%，水田和旱地占比为负值，数值分别为-30.85%和-25.91%。

表 5-10 辽河保护区生态系统固碳服务价值量 单位：亿元

生态系统类型	2010 年	2013 年	2015 年	2018 年
林地	0.11	0.14	0.20	0.19
草地	0.00	0.28	0.32	0.33
湿地	−0.32	0.13	0.17	0.21
水田	−0.31	−0.31	−0.19	−0.14
旱地	−2.18	−0.19	−0.11	−0.12
辽河保护区	−2.70	0.06	0.39	0.46

5.1.5 物种保育更新

5.1.5.1 物种保育更新服务能值量

2010—2018 年辽河保护区物种保育更新服务能值量呈逐年增加趋势，2010 年、2013 年、2015 年和 2018 年分别为 3.15×10^{20} sej、4.71×10^{20} sej、4.85×10^{20} sej、5.62×10^{20} sej[②]。从空间分布来看，2010 年物种保育更新能值量总体偏低，高值区主要位于辽河入海口区域（图 5-8）。2013—2018 年空间分布大致相同，整体上水域高于陆域。2013 年巨流河至毓宝台段和清河清辽至铁岭段最低，单位面积能值量小于 2.0×10^{11} sej/m²。2015 年和 2018 年单位面积能值量小于 2.0×10^{11} sej/m² 的低值区分布较为分散，大部分地区单位面积能值量为 $2.5\times10^{11}\sim5.0\times10^{11}$ sej/m²。

5.1.5.2 物种保育更新服务价值量

2018 年辽河保护区物种保育更新服务价值量为 20.52 亿元，单位面积价值量为 1.10 元/m²，以水体最高，为 1.37 元/m²，湿地、草地、林地次之，分别为 1.25 元/m²、0.92 元/m² 和 0.92 元/m²，农田最低，为 0.59 元/m²（表 5-11）。2010—2018 年辽河保护区物种保育更新服务价值量呈逐年增加趋势，总体增加了 9.01 亿元，其中，湿地、水体、草地和林地分别增加了 3.57 亿元、3.38 亿元、3.81 亿元和 0.23 亿元，农田物种保育更新服务价值量减少了 2.08 亿元。从各生态系统类型物种保育更新服务价值量构成上看，2010 年以湿地和农田为主，林地和草地价值量较小；2013—2018 年则以湿地和草地为主，林地和农田价值量较小。

② 受数据获取限制，2010 年物种数据采用 2011 年数据代替，2018 年参考 2017 年和 2020 年数据确定。

图 5-8　辽河保护区物种保育更新服务能值量

表 5-11　辽河保护区物种保育更新服务价值量

生态系统类型	单位面积价值/（元/m²）				价值/亿元			
	2010 年	2013 年	2015 年	2018 年	2010 年	2013 年	2015 年	2018 年
林地	0.76	0.99	1.06	0.92	0.59	0.73	0.93	0.82
草地	1.05	1.06	1.09	0.92	0.08	5.06	5.08	3.89
农田	0.44	0.51	0.61	0.59	2.82	0.81	0.81	0.74
湿地	0.89	1.09	1.08	1.25	6.56	8.26	8.35	10.13
水体	0.44	0.69	0.69	1.37	1.47	2.27	2.38	4.85
辽河保护区	0.62	0.92	0.95	1.10	11.51	17.20	17.69	20.52

5.1.6　休憩服务

5.1.6.1　调查问卷样本分析

本次调查在盘锦市红海滩国家风景廊道共发放调查问卷 275 份，共回收调查问卷 266 份，问卷回收率为 96.73%。其中，有效问卷 261 份，有效率为 98.12%。在沈阳七星国家湿地公园和毓宝台景区共发放调查问卷 450 份，共回收调查问卷 430 份，问卷回收率为 95.56%。其中，有效问卷 421 份，有效率为 97.91%，有效回收率为 93.56%。

（1）收费景点样本分析

盘锦市红海滩国家风景廊道是辽河保护区内面积最大、外省游客最多的景区，是辽河三角洲湿地最主要的组成部分，总面积为 20 余万亩，年接待游客在 72 万人次以上，门票收入约为 7 000 万元。将红海滩国家风景廊道作为辽河保护区收费景点的样本来源，也能代表保护区内外省游客构成较为丰富的旅游景点。本次调查样本总体呈正态分布，符合抽样统计原理（表 5-12）。受访者中男性占比为 53.64%，女性占比为 46.36%，性别比例适中，且以 18～35 岁中青年为主，占总人数的 48.66%。受访者受教育程度较高，大学专科以上学历占 74.71%。受访者首次访问比例较高，占 76.25%。受访者来源为盘锦市以外的行政区，占 91.57%，符合分区 TCM 模型的适用特征。有 70.11% 的游客表示会在盘锦市游玩 1 d，21.46% 的游客会游玩 2 d，但针对红海滩国家风景廊道景点，所有受访游客表示仅会停留 0.5～1 d。在支付意愿调查中，有 74 人愿意支付小于 100 元的费用保护本景点的旅游资源，占样本总数的 28.35%；有 41 人愿意支付 101～200 元，占样本总数的 15.71%；有 29 人愿意支付 201～400 元，占样本总数的 11.11%；有 31 人愿意支付大于 400 元，占样本总数的 11.88%，有 2 人愿意最多每年支付 2 000 元对景点进行保护；剩下的 32.95% 不愿意支付任何费用，他们的理由为距离自己居住地较远。

表 5-12　红海滩国家风景廊道样本描述统计

变量	类别	频数	频率/%	累计比例/%
性别	男	140	53.64	53.64
	女	121	46.36	100
年龄	18 岁及以下	25	9.58	9.58
	18～35 岁	127	48.66	58.24
	35～60 岁	97	37.16	95.40
	60 岁以上	12	4.6	100
受教育程度	初中及以下	28	10.73	10.73
	高中/中专	38	14.56	25.29
	大学专科	42	16.09	41.38
	大学本科	120	45.98	87.36
	研究生及以上	33	12.64	100
月均收入	<4 000 元	109	41.76	41.76
	4 001～6 000 元	71	27.20	68.96
	6 001～10 000 元	49	18.77	87.73
	10 001～15 000 元	23	8.81	96.54
	>15 000 元	9	3.45	100
游览次数	第 1 次	199	76.25	76.25
	第 2 次	40	15.33	91.58
	第 3 次及以上	22	8.43	100
盘锦市旅游停留时间	1 d	183	70.11	70.11
	2 d	56	21.46	91.57
	3 d	22	8.43	100

（2）免费景点样本分析

将沈阳七星国家湿地公园和毓宝台景区作为辽河保护区免费景点样本来源，也能代表保护区内以辽河保护区周边县市游客组成为主的旅游景点。本次问卷中有 321 人来自沈阳市，占调查总人数的 76.25%，其余来自抚顺、铁岭等周边城市；有 97.19% 的游客选择自驾，在接受调查的人群中，35～60 岁年龄段的人数最多，为 181 人，占总人数的 42.99%（表 5-13）。

表 5-13　七星国家湿地公园和毓宝台景区样本描述统计

变量	类别	频数	频率/%	累计比例/%
性别	男	211	50.12	50.12
	女	210	49.88	100
年龄	18 岁及以下	34	8.08	8.08
	18～35 岁	132	31.35	39.43
	35～60 岁	181	42.99	82.42
	60 岁以上	74	17.58	100
受教育程度	初中及以下	119	28.27	28.27
	高中/中专	85	20.19	48.46
	大学专科	66	15.68	64.14
	大学本科	113	26.84	90.98
	研究生及以上	38	9.02	100
月均收入	<4 000 元	182	43.23	43.23
	4 001～6 000 元	105	24.94	68.17
	6 001～10 000 元	106	25.18	93.35
	10 001～15 000 元	18	4.28	97.63
	>15 000 元	10	2.37	100
游览次数	第 1 次	238	56.53	56.53
	第 2 次	81	19.24	75.77
	第 3 次及以上	102	24.23	100

5.1.6.2　旅行花费

旅行花费包括游客往返于客源地与景点之间的交通、门票、食宿及购买纪念品和土特产的费用。其中,红海滩国家风景廊道门票费用为 145 元/人次。通过调查问卷发现红海滩的游客中有 88.12%选择自驾,因此采用自驾游费用计算公式计算各客源小区交通费,得出红海滩国家风景廊道代表的辽河保护区收费景区旅行费用为 3.72 亿元(表 5-14)。七星国家湿地公园和毓宝台景区为免费景区,有 97.19%的游客选择自驾,其代表的辽河保护区免费景点旅行费用为 3.58 亿元(表 5-15)。通过两类样本所代表的旅游人数核算辽河保护区内游览休憩资源的旅行花费总计为 7.30 亿元。③

---

③ 受数据获取限制,2010 年、2013 年和 2015 年辽河保护区旅游人口根据辽河干流旅游带旅游人口数据推算获取。

表 5-14　红海滩国家风景廊道各客源小区人均旅行费用

客源地		客源地人均费用/元			客源地游客量/万人	客源地总费用/亿元		
		其他费用	交通费	旅行费用		其他费用	交通费	旅行费用
省外	北京市	233.75	397.60	776.35	6.97	0.163	0.28	0.54
	河北省	173.08	560.00	878.08	5.86	0.101	0.33	0.51
	河南省	23.13	778.40	946.525	0.56	0.001	0.04	0.05
	黑龙江省	111.11	420.00	676.11	1.95	0.022	0.08	0.13
	吉林省	144.41	347.20	636.61	11.72	0.169	0.41	0.75
	内蒙古自治区	95.94	641.20	882.14	2.23	0.021	0.14	0.20
	山东省	102.35	520.80	768.15	1.67	0.017	0.09	0.13
	山西省	32.50	672.00	849.5	0.56	0.002	0.04	0.05
	天津市	109.10	341.60	595.7	0.84	0.009	0.03	0.05
省内	盘锦市	47.99	26.32	219.31	3.91	0.019	0.01	0.09
	鞍山市	116.35	95.20	356.55	1.67	0.019	0.02	0.06
	本溪市	112.39	140.00	397.39	1.39	0.016	0.02	0.06
	朝阳市	130.62	128.80	404.419	7.53	0.098	0.10	0.30
	大连市	98.88	156.80	400.68	0.84	0.008	0.01	0.03
	抚顺市	138.89	151.20	435.09	0.84	0.012	0.01	0.04
	阜新市	55.00	98.00	298	0.84	0.005	0.01	0.02
	葫芦岛市	151.50	95.20	391.7	1.67	0.025	0.02	0.07
	锦州市	33.75	78.40	257.15	1.67	0.006	0.01	0.04
	辽阳市	37.39	95.20	277.59	6.14	0.023	0.06	0.17
	沈阳市	98.39	126.00	369.39	8.65	0.085	0.11	0.32
	铁岭市	120.00	159.60	424.6	0.84	0.010	0.01	0.04
	营口市	39.89	34.72	219.61	3.63	0.014	0.01	0.08
合计					71.96	0.84	1.83	3.72

表 5-15　七星国家湿地公园和毓宝台景区各客源小区人均旅行费用

客源小区	客源地人均费用/元			客源地游客量/万人	客源地总费用/万元		
	其他费用	交通费	人均旅行费用		其他费用	交通费	旅行费用
本溪	98.5	56.00	154.5	2.62	257.63	146.47	404.10
抚顺	60.7	67.20	127.9	11.33	687.97	761.64	1 449.61
阜新	103.8	78.40	182.2	2.62	271.49	205.06	476.55
沈阳	38.7	61.60	100.3	279.86	10 830.63	17 239.46	28 070.09
铁岭	76.8	128.80	205.6	5.23	401.74	673.76	1 075.50
新民	57.9	11.20	69.1	62.77	3 634.54	703.05	4 337.59
合计				364.43	16 084.00	19 729.44	35 813.44

5.1.6.3　时间成本

游客旅行时间包括两部分：一是旅途时间，也就是从客源地到旅游景点的时间；二是在旅游景点停留的时间。通过调查问卷统计，到红海滩的游客旅行时间为 1～4 d。客源地各省市每人平均工资采用 2018 年统计年鉴全行业平均年工资计算，假定年上班天数为 250 d，通过计算得到收费景点时间成本为 0.88 亿元，免费景点时间成本为 3.01 亿元，合计得到辽河保护区休憩资源价值的时间成本为 3.89 亿元。

5.1.6.4　剩余价值

（1）收费景点样本剩余价值

本研究将旅游率与行政区划结合起来将红海滩客源出发区细划为 22 个，包括 12 个省级行政区和 10 个辽宁省地级城市。根据各客源地省市经济统计年鉴中人口等数据，利用 SPSS 软件建立 3 种旅游率与各客源地消费者支出的休憩需求曲线（表 5-16），R^2 为 0.30～0.74，均通过显著性检验，表明旅行费用、游客时间成本与旅游活动显著相关。其中拟合方程 $\ln y = 25.735-3.787\ln x$ 的相关性最好，如果仅从旅行费用对旅行人次的影响方面考虑，可以将拟合方程简化为 $\ln y = A-3.787\ln x$，再根据不同客源地调查统计的旅游率和旅游人次求出对应的 A 值，可构建各客源地的旅游需求函数。

表 5-16　红海滩国家风景廊道旅游率与消费者支出的回归分析结果

类别	回归方程	相关系数（R）	拟合优度（R^2）	检验值（F）	显著水平（P）
y 与 $\ln x$	$y =232.663-33.581\ln x$	0.580	0.303	10.147	0.005
y 与 x	$y =50.312-0.048x$	0.548	0.265	8.590	0.008
$\ln y$ 与 $\ln x$	$\ln y=25.735-3.787\ln x$	0.742	0.742	61.291	0.000

注：y 为旅游率，‰；x 为消费者支出（包括旅行费用和时间成本），元。模型回归均在 5% 的置信度下显著。

由微观经济学理论可知，在一定条件下，商品的价格与其需求量成反比，即景区的消费支出越高，愿意前来消费的游客越少。在计算红海滩国家风景廊道旅游需求曲线过程中，以调查问卷中盘锦市的人均消费 280.5 元为最低旅行费用，随着旅行费用的追加，旅游人次逐渐减少，当旅行费用追加到 1 403 元时，旅游人次降为 0（表 5-17）。根据此数据可建立旅游人次与追加旅行费用之间的关系模型：$y'=40\,848\,363.96-6\,278\,474.906\ln x'$。由此求出红海滩国家风景廊道消费者剩余价值为 2.28 亿元。

表 5-17 红海滩国家风景廊道追加旅行费用与旅游人次统计

客源地	A	追加费用（元）对应的旅游人次							
		0	100	200	300	500	700	1 000	1 403
北京	28.13	19 222 904	6 058 117	2 503 617	1 223 550	398 772	168 085	61 164	0
河北	26.20	9 674 294	3 048 863	1 259 993	615 775	200 690	84 592	0	0
河南	23.89	1 215 300	383 003	158 282	0	0	0	0	0
黑龙江	25.12	1 658 308	522 618	215 980	105 552	0	0	0	0
吉林	26.76	6 122 693	1 929 573	797 428	389 713	127 013	53 537	0	0
内蒙古	26.41	4 017 435	1 266 099	523 236	255 712	83 340	35 128	0	0
山东	24.43	2 179 921	687 004	283 916	138 753	45 222	0	0	0
山西	24.44	813 234	256 292	105 917	51 763	0	0	0	0
天津	24.73	457 551	144 198	59 592	29 123	0	0	0	0
盘锦	24.83	15 288	4 818	1 991	973	0	0	0	0
鞍山	26.30	170 763	53 816	22 240	10 869	3 542	1 493	0	0
本溪	25.79	47 591	14 998	6 198	3 029	987	0	0	0
朝阳	26.90	287 920	90 738	37 499	18 326	5 973	2 518	0	0
大连	25.90	204 459	64 436	26 629	13 014	4 241	0	0	0
抚顺	26.13	100 565	31 693	13 098	6 401	2 086	879	0	0
阜新	24.54	16 528	5 209	2 153	1 052	0	0	0	0
葫芦岛	26.05	109 360	34 465	14 243	6 961	2 269	0	0	0
锦州	25.17	46 727	14 726	6 086	2 974	0	0	0	0
辽阳	27.14	224 000	70 594	29 174	14 258	4 647	1 959	713	0
沈阳	26.73	592 347	186 679	77 148	37 703	12 288	5 179	0	0
铁岭	25.52	68 177	21 486	8 879	4 340	1 414	0	0	0
营口	25.14	39 223	12 361	5 108	2 497	0	0	0	0
总旅游人次		47 284 590	14 901 785	6 158 409	2 932 340	892 484	363 997	61 877	0

（2）免费景点样本剩余价值

利用问卷调查结果，根据客源地省市经济统计年鉴中人口等数据资料，采用 SPSS 数据分析工具拟合得到仅考虑旅行费用对旅行人次影响的简化方程为

$$y = t - 8.138 x$$

式中，y 为旅游率，‰；x 为旅行费用，元。

根据不同客源地调查统计的旅游率和旅游人次求出对应的 t 值，进而得到各客源地的需求函数。不同出发客源地旅游人次随旅行费用增加而减少，得到追加旅行费用和旅游人次统计表（表 5-18）。进而建立七星湿地和毓宝台景区旅游人次与追加旅行费用之间的关系模型为

$$CS = \int_0^{178.9} (6\,139\,156.343 - 39\,137.161x)\,\mathrm{d}x \tag{5-1}$$

式中，y—— 七星湿地和毓宝台景区年旅游总人次，人次/a；

$\qquad x$—— 追加费用，元。

在计算七星湿地和毓宝台旅游需求曲线时，以调查问卷中新民市的人均消费 69.10 元为最低旅行费用，随着旅行费用的增加，旅游人次逐渐减少，当旅行费用追加到 179.80 元时，旅游人次降为 0。由此求出免费景点消费者剩余价值为 4.72 亿元。

表 5-18 七星国家湿地公园和毓宝台景区追加旅行费用与旅游人次统计

客源地	t	追加费用/元						
		20	40	60	80	100	120	179.80
本溪	1 303.94	324 734	233 425	142 117	50 809	0	0	0
抚顺	1 175.30	379 520	242 314	105 107	0	0	0	0
阜新	1 521.21	541 356	430 679	320 002	209 325	98 649	0	0
沈阳	1 401.57	1 838 645	1 396 263	953 882	511 500	69 118	0	0
铁岭	1 722.99	1 047 791	876 893	705 995	535 097	364 199	193 301	0
新民	1 492.30	517 863	408 000	298 137	188 274	78 411	0	0

（3）辽河保护区休憩资源剩余价值

通过两类样本及所代表的全年旅游人数进行核算，辽河保护区内休憩资源剩余价值为 7.00 亿元。

5.1.6.5 休憩服务价值量

通过以上分析可知，2018 年辽河保护区休憩服务价值量为 18.19 亿元。其中，红海滩国家风景廊道所代表的以外省游客为主的收费景点旅行成本为 3.73 亿元，时间成本为 0.88 亿元，消费者剩余价值为 2.28 亿元，收费景点的休憩服务价值为 6.88 亿元。七星湿地和毓宝台景区所代表的以省内游客为主的免费景点旅行成本为 3.58 亿元，时间成本为 3.01 亿元，消费者剩余价值为 4.72 亿元，免费景点的休憩服务价值为 11.31 亿元。

5.2 不同控制段生态资源资产

5.2.1 福德店控制段

2018 年福德店控制段水资源供给服务中未超标污染物为 5.67×10^6 当量，单位面积水源涵养量为 6.44 万 m³/km²，土壤保持量为 3 252.09 t/km²，生态系统固碳量为 −31.67 tC/km²，物种保育更新能值量为 2.57×10^{17} sej/km^2（表 5-19）。2010—2018 年各项生态系统服务显著提升，水资源供给服务中未超标污染物增加了 3.80×10^{6} 当量，单位面积水源涵养量增加了 2.13 万 m^3/km^2，土壤保持量增加了 1 535.13 t/km^2，生态系统固碳量增加了 184.05 tC/km^2，物种保育更新能值量增加了 6.83×10^{16} sej/km^2。

表 5-19   2010—2018 年福德店控制段各项生态系统服务

生态系统服务	2010 年	2013 年	2015 年	2018 年	2010—2018 年变化
水资源供给/当量	1.87×10^{6}	7.46×10^{6}	3.70×10^{6}	5.67×10^{6}	3.80×10^{6}
水源涵养/（万 m^3/km^2）	4.31	6.11	5.62	6.44	2.13
土壤保持/（t/km^2）	1 716.96	3 146.48	3 811.60	3 252.09	1 535.13
生态系统固碳/（tC/km^2）	−215.73	−129.97	−48.32	−31.67	184.05
物种保育更新/（sej/km^2）	2.07×10^{17}	2.34×10^{17}	2.36×10^{17}	2.75×10^{17}	6.83×10^{16}

2018 年福德店控制段水源涵养、土壤保持、生态系统固碳和物种保育更新 4 项服务价值量为 0.14 亿元，其中，其主要构成部分是物种保育更新和土壤保持服务，价值量分别为 0.08 亿元和 0.04 亿元（图 5-9）。2010—2018 年福德店控制段水源涵养、土壤保持、生态系统固碳和物种保育更新服务价值量分别增加了 0.01 亿元、0.02 亿元、0.01 亿元、0.02 亿元。

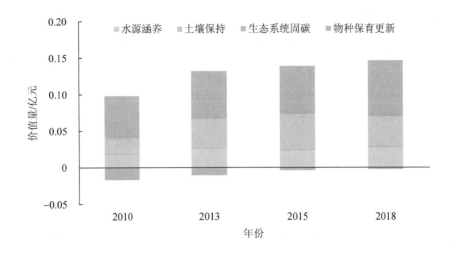

图 5-9   福德店控制段各项生态系统服务时间变化

为便于对比各控制段生态系统服务状况，本研究又计算了不同生态系统服务得分④。
结果显示，2018 年福德店控制段水源涵养得分以中、低值为主，大多介于 0.2～0.6，高值
区主要位于河流两岸的湿地、草地和林地区域，中低值区主要位于农田区域（图 5-10）。
土壤保持服务得分总体较低，主要是由于保护区 80% 以上的区域坡度小于 5°，地形起伏
不明显。生态系统固碳服务得分以低值为主，大多介于 0～0.2。物种保育更新服务得分以
中、高值为主，得分大多介于 0.4～1.0，高值区主要位于河流两岸草地区域。

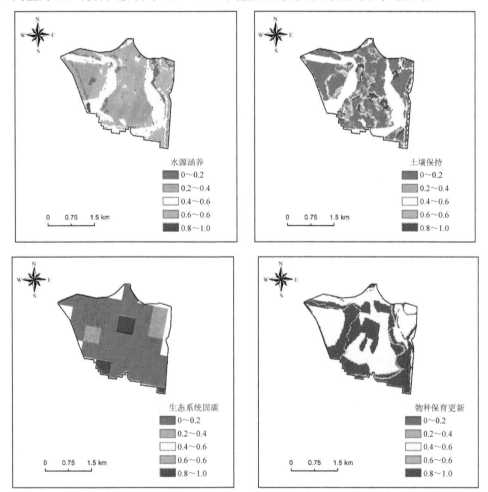

图 5-10　2018 年福德店控制段各生态系统服务得分空间分布

④ 生态系统服务得分计算方法：首先将辽河保护区各生态系统服务进行归一化处理，再分别按照从高到低的顺序排
　列，将累加值占总累加值 10% 的数值做为参考基准，再将各生态系统服务的归一化数值与对应参考基准的比值作为
　该项生态系统服务的得分，当得分大于 1 时，数值取为 1。

5.2.2 三合屯控制段

2018 年三合屯控制段水资源供给服务中未超标污染物为 1.34×10^7 当量，单位面积水源涵养量为 8.25 万 m^3/km^2，土壤保持量为 2 475.85 t/km^2，生态系统固碳量为 19.52 tC/km^2，物种保育更新能值量为 2.80×10^{17} sej/km^2（表 5-20）。2010—2018 年三合屯控制段各项生态系统服务显著提升，其中，水资源供给服务中未超标污染物增加了 2.38×10^8 当量，单位面积水源涵养量增加了 3.87 万 m^3/km^2，土壤保持量增加了 989.63 t/km^2，生态系统固碳量增加了 136.23 tC/km^2，物种保育更新能值量增加了 9.24×10^{15} sej/km^2。

表 5-20 2010—2018 年三合屯控制段各项生态系统服务

生态系统服务	2010 年	2013 年	2015 年	2018 年	2010—2018 年变化
水资源供给/当量	-1.04×10^7	9.62×10^6	1.25×10^6	1.34×10^7	2.38×10^8
水源涵养/（万 m^3/km^2）	4.38	7.40	8.19	8.25	3.87
土壤保持/（t/km^2）	1 486.22	2 691.52	2 714.75	2 475.85	989.63
生态系统固碳/（tC/km^2）	-116.71	8.06	50.90	19.52	136.23
物种保育更新/（sej/km^2）	2.71×10^{17}	2.51×10^{17}	2.77×10^{17}	2.80×10^{17}	9.24×10^{15}

2018 年三合屯控制段水源涵养、土壤保持、生态系统固碳和物种保育更新 4 项服务价值量为 2.09 亿元，其主要构成部分是物种保育更新服务，价值量为 1.12 亿元（图 5-11）。2010—2018 年三合屯控制段水源涵养、土壤保持、生态系统固碳和物种保育更新服务价值量分别增加了 0.24 亿元、0.18 亿元、0.15 亿元、0.04 亿元。

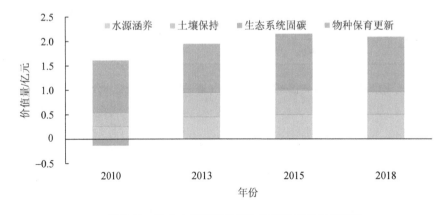

图 5-11 三合屯控制段各项生态系统服务时间变化

2018 年三合屯控制段水源涵养服务得分以中、高值为主，大多介于 0.6～0.8（图 5-12）。土壤保持服务得分受区域地形起伏不明显影响，得分以低值为主。生态系统固碳服务得分以中、低值为主，数值主要介于 0～0.4。物种保育更新服务得分以中、高值为主，数值主要介于 0.6～1.0，其中，河流得分主要介于 0.6～0.8，两岸得分则主要介于 0.8～1.0。

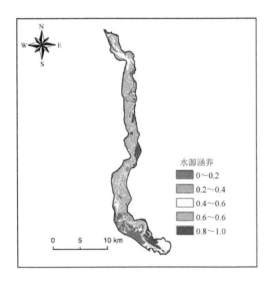
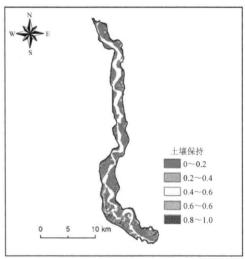
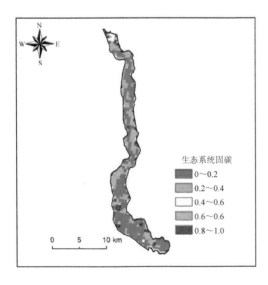
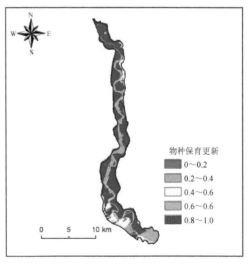

图 5-12　2018 年三合屯控制段各生态系统服务得分空间分布

5.2.3　珠尔山控制段

2018 年珠尔山控制段水资源供给服务中未超标污染物为 $1.13×10^7$ 当量，单位面积水源涵养量为 11.03 万 m^3/km^2，土壤保持量为 2 661.91 t/km^2，生态系统固碳量为 26.44 tC/km^2，物种保育更新能值量为 2.4×10^{17} sej/km^2（表 5-21）。2010—2018 年珠尔山控制段水资源供给服务功能呈先增加后降低的变化趋势，主要是受氨氮和化学需氧量污染物浓度变化的影响，但各年未超标污染物当量均为正值。其他各项生态系统服务均明显提升，其中，单位面积水源涵养量增加了 3.93 万 m^3/km^2，土壤保持量增加了 1 048.58 t/km^2，生态系统固碳量增加了 241.17 tC/km^2，物种保育更新能值量增加了 3.48×10^{16} sej/km^2。

表 5-21　2010—2018 年珠尔山控制段各项生态系统服务

生态系统服务	2010 年	2013 年	2015 年	2018 年	2010—2018 年变化
水资源供给/当量	2.62×10^7	2.87×10^7	1.96×10^7	1.13×10^7	−1.49×10^7
水源涵养/（万 m^3/km^2）	7.10	10.14	10.86	11.03	3.93
土壤保持/（t/km^2）	1 613.33	2 636.40	2 946.16	2 661.91	1 048.58
生态系统固碳/（tC/km^2）	−214.72	−16.47	9.39	26.44	241.17
物种保育更新/（sej/km^2）	2.05×10^{17}	1.92×10^{17}	2.20×10^{17}	2.40×10^{17}	3.48×10^{16}

2018 年珠尔山控制段水源涵养、土壤保持、生态系统固碳和物种保育更新 4 项服务价值量为 4.12 亿元，其主要构成部分是物种保育更新、水源涵养服务，价值量分别为 1.88 亿元、1.25 亿元（图 5-13）。2010—2018 年珠尔山控制段水源涵养、土壤保持、生态系统固碳和物种保育更新服务价值量分别增加了 0.47 亿元、0.36 亿元、0.52 亿元、0.27 亿元。

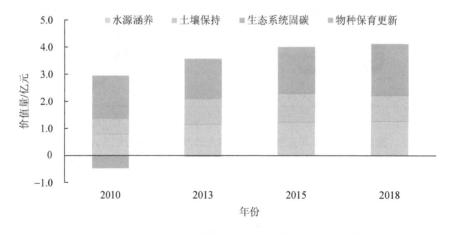

图 5-13　珠尔山控制段各项生态系统服务时间变化

2018 年珠尔山控制段水源涵养服务得分以中、高值为主，大多介于 0.6～1.0，降水和土地利用变化是影响水源涵养空间差异的主要因素（图 5-14）。土壤保持服务得分同样较低，主要是由于 90%以上区域的坡度低于 5°，地形起伏不明显。生态系统固碳服务得分以中、低值为主，数值大多介于 0～0.4。物种保育更新服务得分空间差异较大，但整体处于中、高值水平，得分大多介于 0.4～1.0。

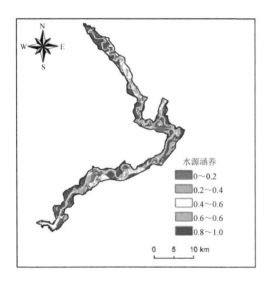

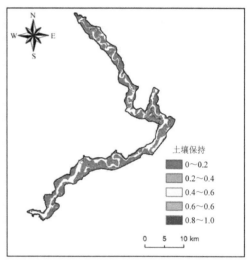

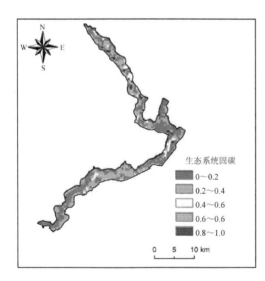

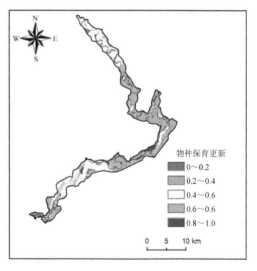

图 5-14 2018 年珠尔山控制段各生态系统服务得分空间分布

5.2.4　马虎山控制段

2018 年马虎山控制段水资源供给服务中未超标污染物为 $3.59×10^7$ 当量，单位面积水源涵养量为 9.10 万 m^3/km^2，土壤保持量为 1 854.19 t/km^2，生态系统固碳量为 42.44 tC/km^2，物种保更新能值为 $2.75×10^{17}sej/km^2$（表 5-22）。2010—2018 年水资源供给服务呈先增加后降低的变化趋势，主要是受化学需氧量污染物浓度变化影响，但各年未超标污染物当量均为正值。其他各项生态系统服务均有所提升，其中，单位面积水源涵养量增加了 2.62 万 m^3/km^2，土壤保持量增加了 675.10 t/km^2，生态系统固碳量增加了 228.73 tC/km^2，物种保育更新能值增加了 $6.82×10^{16}$ sej/km^2。

表 5-22　2010—2018 年马虎山控制段各项生态系统服务

生态系统服务	2010 年	2013 年	2015 年	2018 年	2010—2018 年变化
水资源供给/当量	$3.59×10^7$	$3.93×10^7$	$3.49×10^7$	$1.67×10^7$	$-1.92×10^7$
水源涵养/（万 m^3/km^2）	6.48	9.02	8.28	9.10	2.62
土壤保持/（t/km^2）	1 179.09	1 925.15	1 902.01	1 854.19	675.10
生态系统固碳/（tC/km^2）	−186.29	8.04	1.74	42.44	228.73
物种保育更新/（sej/km^2）	$2.07×10^{17}$	$2.08×10^{17}$	$2.15×10^{17}$	$2.75×10^{17}$	$6.82×10^{16}$

2018 年马虎山控制段水源涵养、土壤保持、生态系统固碳和物种保育更新 4 项服务价值量为 1.85 亿元，其主要构成部分是物种保育更新和水源涵养服务，价值量分别为 1.04 亿元、0.45 亿元（图 5-15）。2010—2018 年马虎山控制段水源涵养、土壤保持、生态系统固碳和物种保育更新服务价值量分别增加了 0.12 亿元、0.11 亿元、0.24 亿元、0.26 亿元。

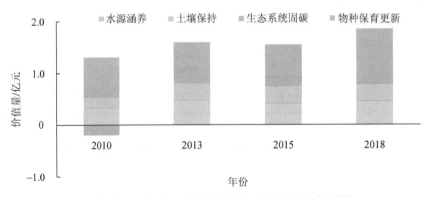

图 5-15　马虎山控制段各项生态系统服务时间变化

2018 年马虎山控制段水源涵养服务得分以中值为主，大多介于 0.4～0.6（图 5-16）。高值区主要位于石佛寺水库上游草地区域，中、低值区主要位于农田区域和中低植被覆盖区域。土壤保持服务得分受区域地形起伏不明显影响，以低值为主。生态系统固碳服务得分以中、低值为主，数值大多介于 0～0.4，低值区主要位于湿地区域，中值区主要位于草地区域。物种保育更新服务得分空间差异较大，上游以高值为主，下游以中值为主。

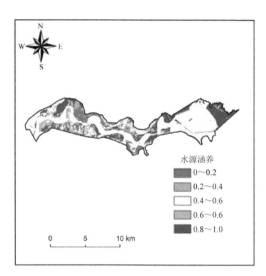
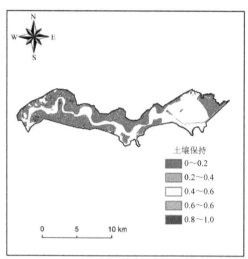
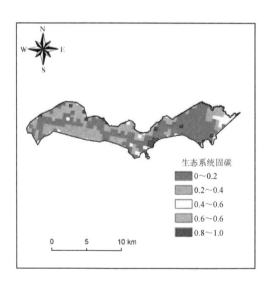
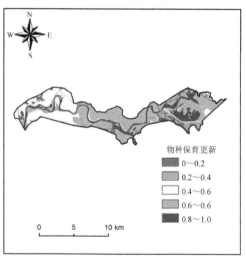

图 5-16　2018 年马虎山控制段各生态系统服务得分空间分布

5.2.5　巨流河大桥控制段

2018 年巨流河大桥控制段水资源供给服务中未超标污染物为 $2.13×10^7$ 当量，单位面积水源涵养量为 6.46 万 m³/km²，土壤保持量为 3 632.17 t/km²，生态系统固碳量为 5.87 tC/km²，物种保育更新能值量为 $2.12×10^{17}$ sej/km²（表 5-23）。2010—2018 年水资源供给服务呈先增加后降低的趋势，主要是受化学需氧量浓度变化的影响，但各年未超标污染物当量均为正值。其他各项生态系统服务显著提升，其中，单位面积水源涵养量增加了 2.57 万 m³/km²，土壤保持量增加了 1 445.63 t/km²，生态系统固碳量增加了 231.05 tC/km²，物种保育更新能值量增加了 $4.88×10^{16}$ sej/km²。

表 5-23　2010—2018 年巨流河大桥控制段各项生态系统服务

生态系统服务	2010 年	2013 年	2015 年	2018 年	2010—2018 年变化
水资源供给/当量	$3.08×10^7$	$4.28×10^7$	$2.88×10^7$	$2.13×10^7$	$-9.49×10^6$
水源涵养/（万 m³/km²）	3.89	6.40	6.07	6.46	2.57
土壤保持/（t/km²）	2 186.53	4 061.82	3 733.03	3 632.17	1 445.63
生态系统固碳/（tC/km²）	−225.18	−13.71	−10.23	5.87	231.05
物种保育更新/（sej/km²）	$1.63×10^{17}$	$1.74×10^{17}$	$1.72×10^{17}$	$2.12×10^{17}$	$4.88×10^{16}$

2018 年巨流河大桥控制段水源涵养、土壤保持、生态系统固碳和物种保育更新 4 项服务价值量为 1.51 亿元，其主要构成部分是物种保育更新和土壤保持服务，价值量分别为 0.69 亿元、0.53 亿元（图 5-17）。2010—2018 年巨流河大桥控制段水源涵养、土壤保持、生态系统固碳和物种保育更新服务价值量分别增加了 0.12 亿元、0.21 亿元、0.21 亿元、0.16 亿元。

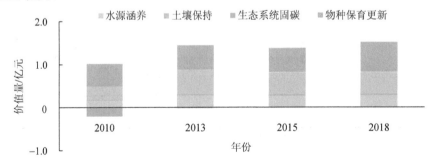

图 5-17　巨流河大桥控制段各项生态系统服务时间变化

　　2018 年巨流河大桥控制段水源涵养服务得分以中值为主，数值大多介于 0.4～0.6，面积占比为 52.01%（图 5-18）。高值区主要位于河流左岸的退耕区域，中、低值区主要位于河流右岸未完成退耕的农田区域。土壤保持服务得分同样受区域地形起伏不明显影响，以低值区为主。生态系统固碳服务得分以低值为主，数值大多介于 0～0.2，面积占比为 61.01%。物种保育更新服务得分空间差异较大，上游主要介于 0.4～0.8，下游左岸主要介于 0.8～1.0，右岸主要介于 0.2～0.4。

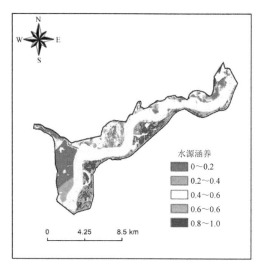

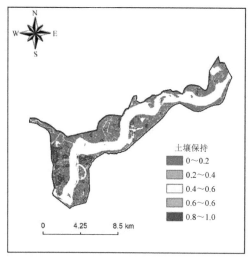

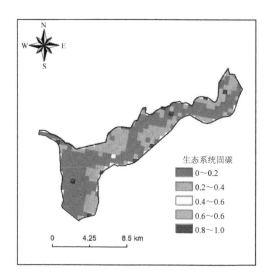

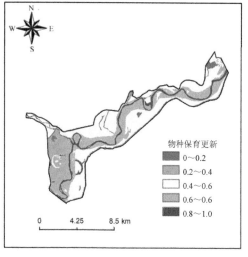

图 5-18　2018 年巨流河大桥控制段各生态系统服务得分空间分布

5.2.6 红庙子控制段

2018 年红庙子控制段未超标污染物为 1.72×10^7 当量，单位面积水源涵养量为 8.21 万 m^3/km^2，土壤保持量为 1 600.97 t/km^2，生态系统固碳量为 30.61 tC/km^2，物种保育更新能值量为 2.42×10^{17} sej/km^2（表 5-24）。与 2010 年相比，2018 年红庙子控制段除水资源供给服务受化学需氧量影响先增加后降低外，其他各项生态系统服务明显增加。其中，单位面积水源涵养量增加了 2.50 万 m^3/km^2，土壤保持量增加了 639.12 t/km^2，生态系统固碳量增加了 255.33 tC/km^2，物种保育更新能值量增加了 6.23×10^{16} sej/km^2。

表 5-24 2010—2018 年红庙子控制段各项生态系统服务

生态系统服务	2010 年	2013 年	2015 年	2018 年	2010—2018 年变化
水资源供给/当量	2.59×10^7	3.86×10^7	4.12×10^7	1.72×10^7	-8.66×10^6
水源涵养/（万 m^3/km^2）	5.71	8.85	8.60	8.21	2.50
土壤保持/（t/km^2）	961.86	1 746.42	1 601.56	1 600.97	639.12
生态系统固碳/（tC/km^2）	−224.71	18.43	38.23	30.61	255.33
物种保育更新/（sej/km^2）	1.79×10^{17}	2.04×10^{17}	2.28×10^{17}	2.42×10^{17}	6.23×10^{16}

2018 年红庙子控制段水源涵养、土壤保持、生态系统固碳和物种保育更新 4 项服务价值量为 6.78 亿元，其主要构成部分是物种保育更新和水源涵养，价值量分别为 3.74 亿元和 1.81 亿元（图 5-19）。2010—2018 年红庙子控制段水源涵养、土壤保持、生态系统固碳和物种保育更新服务价值量分别增加了 0.57 亿元、0.44 亿元、1.10 亿元、0.96 亿元。

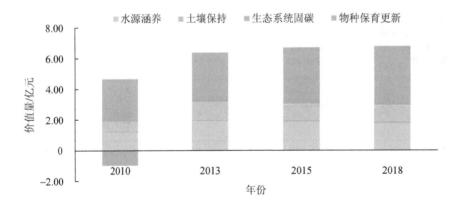

图 5-19 红庙子控制段各项生态系统服务时间变化

2018 年红庙子控制段水源涵养能力属于中、上水平，得分介于 0.4～0.6 的区域面积最大，主要分布在辽河河道两侧的河漫滩，得分大于 0.6 的区域主要分布在红庙子监测断面与盘锦兴安监测断面之间，得分小于 0.2 的区域主要分布在柳河入河口两岸（图 5-20）。生态系统固碳能力相对较弱，得分大多低于 0.4，得分高于 0.6 的区域零星分布在河流两岸。物种保育更新服务得分以中、高值为主，上游以中值为主，下游以高值为主。

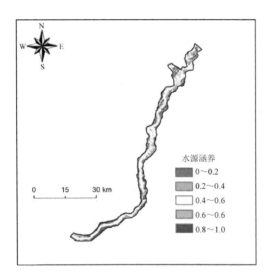
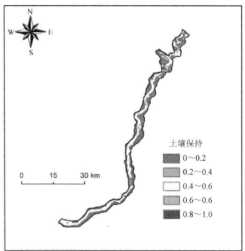
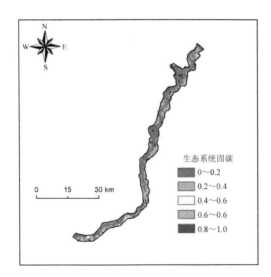
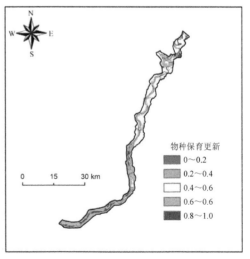

图 5-20　2018 年红庙子控制段各生态系统服务得分空间分布

5.2.7　曙光大桥控制段

2018 年曙光大桥控制段水资源供给服务中未超标污染物为 $6.69×10^7$ 当量，单位面积水源涵养量为 6.16 万 m^3/km^2，土壤保持量为 243.40 t/km^2，生态系统固碳量为 -8.46 tC/km^2，物种保育更新能值量为 $2.22×10^{17}$ sej/km^2（表 5-25）。2010—2018 年各项生态系统服务显著提升，水资源供给服务中未超标污染物增加了 $7.30×10^7$ 当量，单位面积水源涵养量增加了 2.44 万 m^3/km^2，土壤保持量增加了 53.02 t/km^2，生态系统固碳量增加了 260.01 tC/km^2，物种保育更新能值量增加了 $5.50×10^{16}$ sej/km^2。

表 5-25　2010—2018 年曙光大桥控制段各项生态系统服务

生态系统服务	2010 年	2013 年	2015 年	2018 年	2010—2018 年变化
水资源供给/当量	$-0.61×10^7$	$3.25×10^7$	$2.98×10^7$	$6.69×10^7$	$7.30×10^7$
水源涵养/（万 m^3/km^2）	3.72	5.29	5.78	6.16	2.44
土壤保持/（t/km^2）	190.38	277.73	246.51	243.40	53.02
生态系统固碳/（tC/km^2）	-268.47	-115.75	-27.86	-8.46	260.01
物种保育更新/（sej/km^2）	$1.67×10^{17}$	$1.65×10^{17}$	$1.87×10^{17}$	$2.22×10^{17}$	$5.50×10^{16}$

2018 年曙光大桥控制段水源涵养、土壤保持、生态系统固碳和物种保育更新 4 项服务价值量为 0.87 亿元（图 5-21）。其主要构成部分是物种保育更新和水源涵养服务，价值量分别为 0.65 亿元和 0.20 亿元，土壤保持服务价值量较低的主要原因是区域内湿地面积较大，而湿地未纳入核算。2010—2018 年曙光大桥控制段水源涵养、土壤保持、生态系统固碳和物种保育更新服务价值量分别增加了 0.08 亿元、0.01 亿元、0.21 亿元、0.16 亿元。

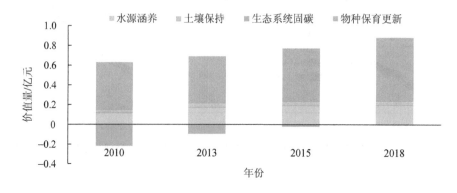

图 5-21　曙光大桥控制段各项生态系统服务时间变化

2018 年曙光大桥控制段水源涵养能力属于中等偏下水平，得分主要介于 0.4～0.6，面积占比为 47.40%，主要分布在河流、湖泊周围；其次是得分介于 0.2～0.4 的区域，面积占比为 23.72%，主要分布在盘锦城市区附近；得分介于 0.6～0.8 的区域面积占比为 15.48%，主要分布在城市段的河岸带植被区；得分小于或等于 0.2 的区域面积主要分布在城镇建设区（图 5-22）。生态系统固碳、土壤保持能力相对较弱，其得分大多低于 0.2。物种保育更新服务得分总体位于中、高值区，数值大多介于 0.4～1.0。其中，得分大于 0.8 的区域主要是河流、湖泊等湿地生态系统，得分介于 0.6～0.8 的区域主要分布在湿地生态系统外围的林、草生态系统。

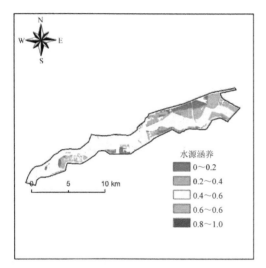
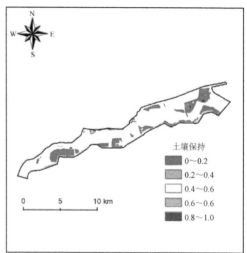
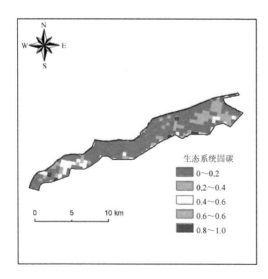
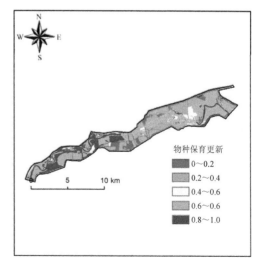

图 5-22　2018 年曙光大桥控制段各生态系统服务得分空间分布

5.2.8 赵圈河控制段

2018 年赵圈河控制段水资源供给服务中未超标污染物为 $6.69×10^7$ 当量，单位面积水源涵养量为 6.34 万 m^3/km^2，生态系统固碳量为 $17.46 tC/km^2$，物种保育更新能值量为 $2.78×10^{17} sej/km^2$（表 5-26）。2010—2018 年曙光大桥控制段各项生态系统服务显著提升。其中，水资源供给服务未超标污染物增加了 $7.30×10^7$ 当量，单位面积水源涵养量增加了 1.11 万 m^3/km^2，生态系统固碳量增加了 $33.68 tC/km^2$，物种保育更新能值量增加了 $1.12×10^{17} sej/km^2$。

表 5-26 2010—2018 年赵圈河控制段各项生态系统服务

生态系统服务	2010 年	2013 年	2015 年	2018 年	2010—2018 年变化
水资源供给/当量	$-0.61×10^7$	$3.25×10^7$	$2.98×10^7$	$6.69×10^7$	$7.30×10^7$
水源涵养/（万 m^3/km^2）	5.23	6.36	6.31	6.34	1.11
生态系统固碳/（tC/km^2）	-16.21	12.96	14.82	17.46	33.67
物种保育更新/（sej/km^2）	$1.66×10^{17}$	$2.31×10^{17}$	$2.20×10^{17}$	$2.78×10^{17}$	$1.12×10^{17}$

2018 年赵圈河控制段水源涵养、生态系统固碳和物种保育更新 3 项服务价值量为 11.05 亿元（图 5-23）。其主要构成部分是物种保育更新和水源涵养服务，价值量分别为 8.53 亿元和 2.31 亿元，土壤保持服务由于区域内沿海滩涂和内陆滩涂面积较大未进行核算。2010—2018 年赵圈河控制段水源涵养、生态系统固碳和物种保育更新服务价值量分别增加了 0.01 亿元、0.41 亿元和 3.43 亿元。

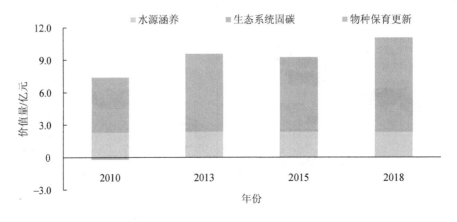

图 5-23 赵圈河控制段各项生态系统服务时间变化

2018 年赵圈河控制段水源涵养能力属于中等水平，得分介于 0.4～0.6 的区域面积最大，占比高达 95.29%（图 5-24）。生态系统固碳能力相对较弱，有 61.72%的区域得分小于或等于 0.2，主要分布在河流两侧滩涂以及辽河右岸清河岸带内；辽河左岸生态系统固碳能力较强，主要为得分高于 0.6 的区域。物种保育更新服务得份较高，以高于 0.6 分为主。

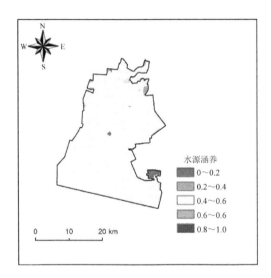
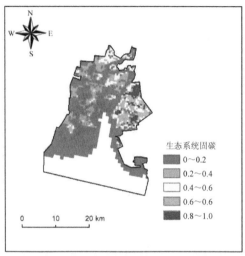

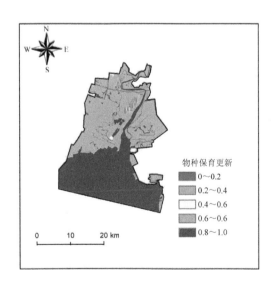

图 5-24　2018 年赵圈河控制段各生态系统服务得分空间分布

5.3　主要生态修复工程区生态资源资产

5.3.1　封育工程

2010—2018 年柳河口至秀水河口示范段、石佛寺至七星山示范段、银州区至凡河口示范段各项生态系统服务价值均显著增加，其中，水源涵养、土壤保持、生态系统固碳和物种保育更新 4 项服务价值量分别增加了 0.92 亿元、0.32 亿元、0.62 亿元（图 5-25）。各工程区均由碳源区域转为碳汇区域，生态系统固碳服务价值量分别增加了 0.17 亿元、0.08 亿元和 0.13 亿元；物种多样性明显恢复，物种保育更新服务价值量分别增加了 0.46 亿元、0.22 亿元、0.23 亿元。

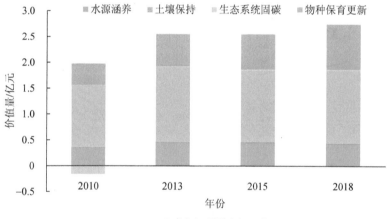

（a）柳河口至秀水河口段

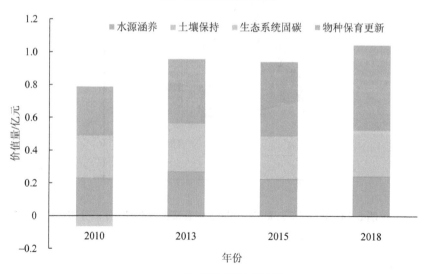

（b）石佛寺至七星山段

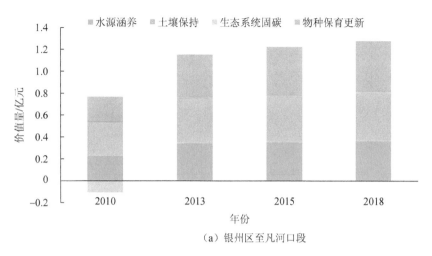

（a）银州区至凡河口段

图 5-25　生态封育示范段各项生态系统服务时间变化

5.3.2　湿地工程

2010—2018 年东西辽河汇入口湿地、八家子河入河口湿地、招苏台河入河口湿地、长河入河口七星湿地的水源涵养、土壤保持、生态系统固碳和物种保育更新 4 项服务单位面积价值量分别增加了 0.50 亿元、2.17 亿元、2.53 亿元和 1.28 亿元（图 5-26）。其中，东西辽河汇入口湿地、八家子河入河口湿地和招苏台河入河口湿地 4 项生态系统服务单位面积价值量总体均明显增加，长河入河口七星湿地则为持续增加，并且以 2015—2018 年增加最为明显。

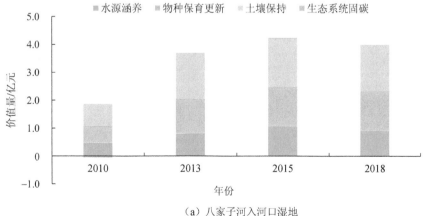

（a）八家子河入河口湿地

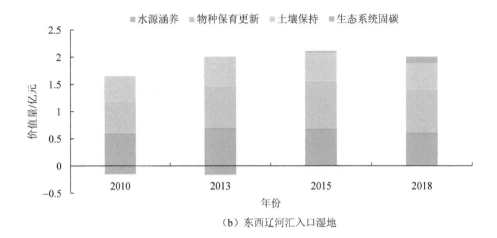

（b）东西辽河汇入口湿地

（c）长河入河口七星湿地

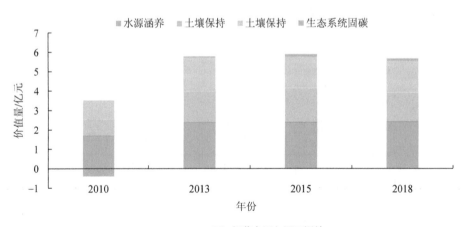

（d）招苏台河入河口湿地

图 5-26   2010—2018 年主要湿地工程区各项生态系统服务价值时间变化

5.4　生态资源资产及变化

5.4.1　辽河保护区生态资源资产及变化

2018 年辽河保护区生态资源资产价值量约为 69.30 亿元，单位面积价值量为 370.79 万元/km²。其中，物种保育更新服务价值量最高，为 20.52 亿元，占比为 29.61%，其次是休憩服务，为 18.19 亿元，价值量占比为 26.25%（表 5-27）。2010—2018 年辽河保护区生态资源资产呈增加趋势，8 年间增加了 26.69 亿元。其中，水源涵养能力有所增强，价值量增加了 1.62 亿元；土壤保持服务显著上升，价值量增加了 1.89 亿元；生态系统固碳能力持续增强，大量碳源区域转为碳汇区域，价值量增加了 3.16 亿元；生物多样性不断丰富，物种保育更新价值量增加了 9.01 亿元；辽河干流旅游带旅游人口显著增加，2018 年盘锦市红海滩国家风景廊道游客量约为 72 万人次，景区年收入约为 7 000 万元。这一时期各控制段水源涵养、土壤保持、生态系统固碳和物种保育更新服务价值量均总体提升明显。三合屯、珠尔山、巨流河大桥、曙光大桥控制段水源涵养能力提升在 50% 以上；除曙光大桥和赵圈河控制段外，其他各段土壤保持和物种保育更新服务均提升在 50% 以上；除福德店和曙光大桥控制段外，其他各段均由碳源区域转换为碳汇区域。

表 5-27　辽河保护区生态资源资产构成及变化　　　　　　　单位：亿元

核算科目	2010 年	2013 年	2015 年	2018 年	2010—2018 年变化
水资源供给	12.97	13.18	13.14	12.99	0.02
水源涵养	5.23	6.91	6.87	6.84	1.62
土壤保持	8.41	10.45	10.08	10.30	1.89
生态系统固碳	−2.70	0.06	0.39	0.46	3.16
物种保育更新	11.52	17.21	17.69	20.52	9.01
休憩服务	7.20	17.68	12.45	18.19	10.99
合计	42.62	65.49	60.62	69.30	26.69

从各项生态系统服务价值空间分布来看（图 5-27），2018 年辽河保护区水源涵养价值主要集中在 0.25~1.0 元/m²，上游高于中、下游地区；土壤保持价值集中在 0~0.5 元/m²，上游整体高于下游地区；生态系统固碳价值总体较低，主要集中在 0~0.025 元/m²，上游和河口沿海滩涂地区高于其他地区；物种保育更新价值主要集中在 1.0~1.5 元/m²，总体表现为水域大于陆域，上、下游高于中游。

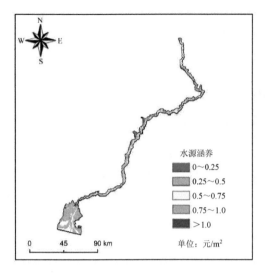
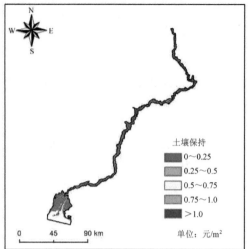
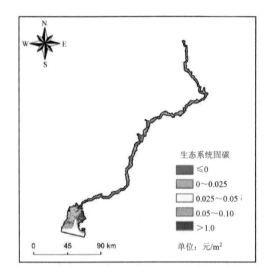
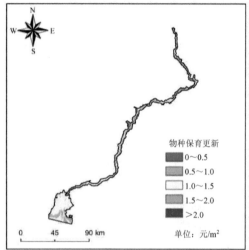

图 5-27 2018 年辽河保护区各项生态系统服务价值空间分布

从 2010—2018 年各项生态系统服务价值变化空间分布来看（图 5-28），辽河保护区单位面积水源涵养价值变化量大多在-0.25～0 元/m² 和 0～0.5 元/m²，其中，上游段增量以 0.25～0.5 元/m² 为主，中游段增量以 0～0.2 元/m² 为主。单位面积土壤保持价值量变化空间分布与水源涵养基本一致，变化量大多介于-0.25～0 元/m² 和 0～0.5 元/m²。绝大部分地区生态系统固碳和物种保育更新价值量增加，其中，单位面积生态系统固碳价值量变化大多介于 0～0.5 元/m²，单位面积物种保育更新价值增量以 0～1 元/m² 为主，总体表现为水域大于陆域，上、下游高于中游。

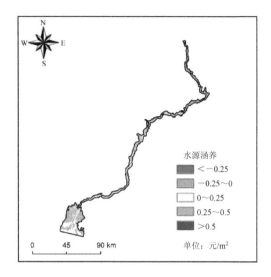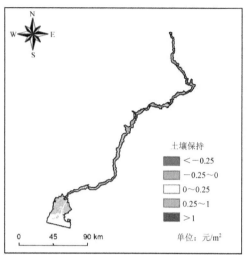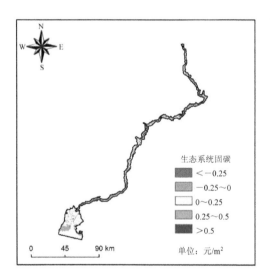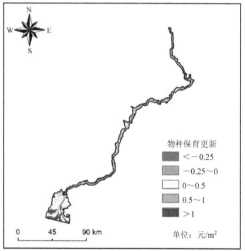

图 5-28　2010—2018 年辽河保护区各生态系统服务价值变化空间分布

5.4.2　辽河保护区各控制段生态资源资产及变化

2018 年赵圈河控制段生态资源资产⑤价值量最高，为 14.46 亿元，占辽河保护区价值量的 38.17%，红庙子控制段次之，为 8.84 亿元，占辽河保护区的 23.19%，福德店控制段最低，仅为 0.17 亿元（图 5-29）。从生态资源资产价值构成来看，水源涵养服务价值量在

⑤ 仅包括水源涵养、土壤保持、生态系统固碳和物种保育更新 4 项服务。

赵圈河段最高,为 2.31 亿元;在福德店段最低,为 0.03 亿元。土壤保持服务价值量在红庙子段最高,为 2.79 亿元;其次是珠尔山段,价值量为 2.45 亿元;在福德店段最低,为 0.07 亿元。而生态系统固碳服务价值量在赵圈河段最高,为 0.21 亿元,约占辽河保护区生态系统固碳总价值量的 45.65%;在曙光大桥段最低,为−0.007 亿元,与上游的福德店段同属碳源区域。物种保育更新服务价值量在赵圈河段同样最高,为 10.60 亿元,约占辽河保护区物种保育更新服务价值量的 51.64%;在福德店最低,为 0.08 亿元。

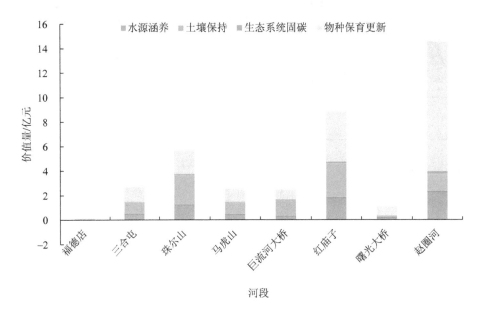

图 5-29　辽河保护区不同控制段各项生态系统服务

　　从辽河保护区各控制段单位面积生态资源资产价值量来看,单位面积水源涵养服务价值量整体呈现上游高、下游低的分布格局,在珠尔山段最高,为 0.58 元/m²,在赵圈河段最低,为 0.27 元/m²(图 5-30)。单位面积土壤保持服务价值量在巨流河大桥段最高,为 1.58 元/m²,在赵圈河段最低,为 0.17 元/m²。单位面积生态系统固碳服务价值量在马虎山段最高,为 0.04 元/m²,在福德店段最低,为−0.03 元/m²;福德店、曙光大桥段存在碳排放。单位面积物种保育更新服务价值量在赵圈河段最高,为 1.26 元/m²,在巨流河大桥段、曙光大桥段最低,为 0.88 元/m²;物种在各河段分布差异较小。

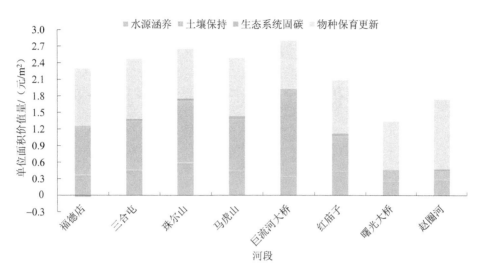

图 5-30　辽河保护区不同控制段单位面积生态系统服务

辽河保护区分控制段生态资源资产变化结果显示,2010—2018 年各控制段水源涵养、土壤保持、生态系统固碳、物种保育更新 4 项生态系统服务价值均明显增加（图 5-31）。其中,赵圈河段和红庙子段价值增量和增幅均为最大,价值量分别增加了 4.54 亿元和 4.41 亿元,增幅分别为 21.42%和 22.41%。从各项生态系统服务价值变化来看,水源涵养、土壤保持、生态系统固碳价值增量均为红庙子段和珠尔山段最高,其中,红庙子段价值量分别增加了 0.57 亿元、0.54 亿元和 1.10 亿元,珠尔山段价值量分别增加了 0.47 亿元、0.63 亿元和 0.52 亿元;物种保育更新价值增量为赵圈河段最高,为 4.16 亿元。

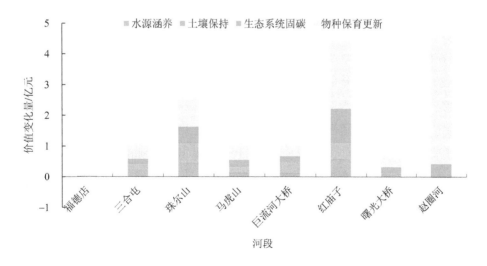

图 5-31　2010—2018 年辽河保护区不同控制段各项生态系统服务价值变化

第6章 辽河保护区生态资源资产提升对策建议

2010年辽河保护区成立以来，深入推进水污染防治和生态修复，发布了《辽宁省辽河保护区条例》《辽宁省辽河流域水污染防治条例》等地方性法规，编制了总体规划和生态带建设、河道修复等专项规划，制定了生物多样性保护战略与行动计划，实施了退耕封育、湿地建设等一系列生态保护工程，生态环境质量不断改善，生态资源资产稳步增值。但由于汇入支流污染较为严重，部分区域水环境质量还不能稳定达标、生态系统自恢复能力和生态系统功能仍然偏低。本章通过对辽河保护区生态保护成效的总结和当前主要问题的识别，提出了生态资源资产提升对策建议。

6.1 辽河保护区生态保护成效

（1）地表水环境质量明显改善

2011年辽河干流水质为Ⅳ~Ⅴ类，支流劣Ⅴ类比例开始大幅减少。2012年年底辽河摘掉"重污染"帽子，率先退出"三河三湖"重度污染名单。2013年守住了干流Ⅳ类水质的底线，水质优良比例高达45.55%，同年辽河水污染防治工作作为国际水污染治理经典案例，在瑞典斯德哥尔摩"世界水周"进行展示与宣传。2019年（1—11月）水质优良（Ⅰ~Ⅲ类）比例由2001年的8.3%上升到51.9%，除曙光大桥外，其余8个干流断面水质类别均达到地表水Ⅳ类水质标准。总体而言，"十三五"期间各支流入河口断面水质基本保持稳定或改善，如二道河流域入河水质2020年稳定达到Ⅲ类，柴河、凡河、柳河、秀水河和养息牧河等主要支流年均水质保持Ⅳ类及以上水质标准。

（2）生态系统质量较大提升

2010—2018年辽河保护区林、草、湿地面积占比大幅增长，福德店、马虎山、曙光大桥段河岸带植被覆盖度均呈增加趋势，其中，曙光大桥段高植被覆盖面积占比增加了13.79%，福德店段占比保持在99%以上。石佛寺至七星山段植被覆盖度增加最为显著，由74.38%增至81.29%。2011—2020年辽河保护区植物物种共增加47种，鱼类增加38种。植被群落的恢复为鸟与昆虫提供了良好的栖息地，池鹭、牛头伯劳、鹊鹞、红腹地霸鹬、白鹳、白头鹤、遗鸥、岩鹭等受保护鸟类重回辽河保护区。

（3）生态资源资产稳步增值

2018 年辽河保护区生态资源资产价值量约为 69.31 亿元，相较 2010 年增加了 26.69 亿元，单位面积价值量增加了 142.78 万元/km²。2010—2018 年各项生态系统服务价值均有所增加。其中，水源涵养能力不断增强，价值量增加了 1.62 亿元；土壤保持价值量增加了 1.89 亿元；生态系统固碳能力持续提高，大量碳源区域转为碳汇区域，价值量增加了 3.16 亿元；生物多样性明显恢复，物种保育更新服务价值量增加了 9.01 亿元；休憩服务价值量增加最多，增加了 10.99 亿元。

6.2　辽河保护区生态保护面临的主要问题

（1）部分水质断面未稳定达标

辽河支流所在小流域和辽河干流上游多为农村地区，化肥、农药施用强度大，养殖业较多，农业面源、农村点源污染严重，导致八家子河、招苏台河、亮子河、螃蟹沟、太平总干、清水河、绕阳河等支流汇入辽河干流的水质为Ⅴ类或劣Ⅴ类，化学需氧量、氨氮和总磷指标普遍超过Ⅳ类水质标准。辽河干流流经的铁岭、沈阳、盘锦等城市区域，由于社会经济活动强烈，城镇生产、生活污水产量大，污水处理设施不完善等问题，城镇段主要污染物时有超标。当前主要采用干流水环境综合治理工程和支流、排干入河口水环境污染阻控工程削减入河污染物，还未形成有效的、以水质和水量为主的横向生态补偿机制和协同治污机制。

（2）生态系统自恢复能力有待提升

尽管辽河保护区实行了全区自然封育，但仍有部分地区退耕封育措施落实不到位，有农田种植现象，影响了生态系统功能的恢复和提升。近年来，受自然因素和人为因素的共同影响，三合屯段、巨流河大桥段、红庙子段和赵圈河段植被覆盖度有下降态势，个别示范区出现了高植被覆盖区向中植被覆盖区转变的现象。辽河保护区自成立以来生态资源资产增值明显，但休憩服务和物种保育更新两项服务的贡献率约为 72.96%，其他生态系统服务增值较少，还有少部分地区为碳源区域。此外，辽河保护区局部区域外来入侵物种种数和数量有所增加，侵占了本土物种的生存空间。

（3）生态环境保护机制还不健全

辽河干流水质监测以人工监测为主，缺乏自动化监测设备和数据传输设施。生态监测除年尺度的生物多样性调查外，缺少对珍稀野生动植物的专项调查，难于摸清保护区生物资源家底。受管理机构更迭的影响，辽河保护区现有执法依据主要为国家、辽宁省层面的法律法规，缺少针对性。据 2021 年中央第二生态环境保护督察组督察发现，支流有污水处理厂建成近十年未能正常运行，大量生活污水长期直排，造成支流水质严重恶化。此外，辽河保护区生态保护宣传对辽河文化的挖掘还不够，不能有效引导公众积极参与保护区保护工作。

6.3 生态资源资产提升对策建议

针对辽河保护区生态环境存在的主要问题，建议以实现生态系统状况根本好转，生态系统质量明显改善，生态系统功能显著提高为目标，以提升辽河保护区生态资源资产和生态环境承载力为重点，以创新辽河保护区生态资源资产管理体制机制为突破口，着力提高辽河保护区生态资源资产监管能力，科学布局和组织实施辽河保护区生态修复工程，切实保障辽河沿线生态安全，形成一批可复制、可推广的河流生态修复模式，让辽河真正成为造福辽宁人民的幸福河。

6.3.1 建立面向生态资源资产监测体系

（1）优化环境要素监测

充分依托辽河保护区现有水文、水质监测站点，根据生态资源资产管理需求，优化水文、水质等监测要素，并加强对人为干扰的监测。一是加强水文、水质数据共享。加强辽河保护区水文、水质监测部门交流沟通，促进联合监测，解决水文、水质监测位置不匹配、监测方法、频次、结果不统一等问题。二是加强水质自动化监测能力建设。在现有水质监测的基础上，加快自动化监测体系建设，实现数据实时采集、传输、共享。三是加强对人为干扰的监测。加强对辽河保护区生态环境破坏行为的监测，如非法挖沙采沙、私自放牧、私自放养等，及时发现问题，及时制止，减少对生态环境的践踏和破坏。

（2）强化生态系统监测

系统梳理生态资源资产管理所需的生态系统调查、监测指标，依托辽河保护区生物多样性监测，结合遥感、无人机监测、地面调查等手段，加大生态系统监测力度。一是加强生态监测点建设。在重要生态节点、重要湿地建设巡护及生态监测点，开展重要区域生态常规调查、监测和日常管护。二是加强重点保护物种监测。加强对野大豆种群数量及其生境的动态监测。结合重点保护动物栖息地分布特征，加强对重点保护的鸟类、两栖类、哺乳类动物的观测，并依托水文监测站开展鱼类定期监测。三是建立"天空地网"一体化监测体系。借助有线无线融合网络、视频监控、自动传感、红外相机、无人机、雷达等技术手段，形成密度适宜、功能完善的监测地面站点体系，建立全天候快速响应的"天空地网"一体化监测系统，增强区域生态监测能力和应急事件监测能力。

6.3.2　建立生态资源资产价值转化机制

（1）建立健全生态保护补偿机制

依托"十三五"时期"水专项"研究成果，强化顶层设计，制订分区、分类治理和保护方案，建立健全辽河保护区生态保护补偿机制。一是建立分类补偿制度。创新退耕还草、退耕还湿补偿政策，通过设立符合实际需要的生态公益岗位等方式，建立持久稳定的封育补偿机制；加强封育档案管理，建立清晰的退耕封育生态补偿台账。二是建立健全上、下游生态补偿机制。完善流域上、下游水质污染补偿机制，以奖优罚劣为原则，综合运用经济手段，调节流域上、中、下游之间和水生态环境破坏者、受害者、保护者之间的利益关系。三是建立城镇污水处理补偿机制。辽河干流流经多个城镇，容纳了城镇间接排放的污水，建立污水处理收费制度，征收污水处理费，可用于提升污水处理设施，鼓励污水处理厂提质提效。

（2）创新生态产品价值实现机制

充分利用辽河特有的生态条件、丰富的历史文化以及周边的特色旅游资源，创新生态产品价值实现机制。一是加强生态产品价值实现顶层设计。研究提出辽河保护区生态产品目录清单，构造概念产品、主导产品、辅助产品和涉河产品体系，开展生态产品价值实现路径规划。二是探索生态产品价值实现新模式。充分借鉴国内外生态产品价值实现先进经验，有机结合辽河保护区本土文化、历史遗迹与自然景观，积极开发和推介凸显文化创意的生态旅游产品，不断拓宽"生态+"模式，促进辽河保护区生态资源资产保值增值。三是开展生态产品价值实现试点。结合辽河两岸生态文明示范区建设、生态圈与特色小镇建设、特色产业示范区建设等，在河口防污阻控工程实施区、城市段、重点风景名胜区等地区开展生态产品价值实现试点工作，努力将辽河保护区生态资源资产转化为经济增长动力，提高生态资源资产增值潜力。

6.3.3　继续推动实施重大生态修复工程

（1）实施生态系统保护与修复工程

着力提高河岸带生态系统质量，改善生态系统功能，推进辽河保护区国家保护物种、珍稀濒危物种及其栖息地的保护与恢复。一是实施河岸带生态系统质量提升工程。深入开展河岸带生态修复与功能提升和河岸带植被质量精准提升工程，优化河岸带生态系统结构，恢复和扩大林、草、湿地面积。二是实施湿地生态功能修复与提升工程。加大支流入河口湿地综合整治力度，新增或扩建支流入河口湿地工程，并通过引入固碳能力高的植被提高湿地固碳功能。依托湿地生态功能提升与重建关键技术分区分段开展支流汇入口湿地、牛轭湖湿地、坑塘湿地、回水段湿地和河口湿地修复与构建工程建设。三是实施重点动植物物种保护工程。优先选取辽河保护区生物多样性优先区域，实施珍稀濒危野生动植物物种保护工程和保护区标志性鱼类资源保护工程。

（2）实施辽河流域一体化治理工程

坚持上、下游联动，内外源共管，干支流协同，陆与海统筹，开展辽河流域一体化治理，确保辽河保护区水环境质量显著改善，生态系统功能不断提升。一是实施流域污染防控工程。加强干支流两岸农村畜禽养殖污染治理、乡村垃圾治理，推进农村环境综合整治，加强农业农村面源污染防治，开展城镇污水处理厂及雨污管网及配套设施建设，加强工业、城镇点源污染控制。二是实施河道综合整治工程。开展干支流河道清淤疏浚，加强堤防整修加固，组织险工险段维护治理。实施辽河干流和主要支流防洪提升工程，开展河势稳定工程，减少河岸侵蚀冲刷。三是实施流域水库群水质水量联合调度。结合辽河流域主要水库闸坝工程及其用水规律，通过规划设计以及闸坝联合调度等手段，优化水库闸坝联合调度过程，保障河道生态需水量，改善河道水生态环境。

6.3.4　构建生态资源资产核算应用制度

（1）建立定期核算制度

为推进辽河保护区生态资源资产常态化核算，建立定期核算制度。一是建立业务化核算技术体系，用1～2年时间研究构建依托行业部门监测调查数据的业务统计核算技术体系，出台辽河保护区生态资源资产统计核算技术指南，指导生态资源资产评估工作。二是制定并出台辽河保护区生态资源资产评估制度，形成常态化的年度核算机制，并确定部门职责和任务分工，明确核算结果发布程序、发布形式和发布时间。

（2）建立核算成果应用制度

为推进生态资源资产核算结果的应用，提升辽河保护区生态系统质量，促进生态资源资产保值增值，制定并出台辽河保护区生态资源资产评估结果运用办法，对核算结果的运用方式、运用流程做出明确的规定。一是建立生态资源资产管理绩效考核制度。研究建立生态资源资产管理绩效考核指标体系，并将生态资源资产评估结果作为管理部门绩效考核的重要指标。制定生态资源资产管理绩效考核办法，探索考核结果应用于生态文明建设目标评价考核、干部自然资源资产离任审计。二是建立生态资源资产损害赔偿制度。将生态资源资产核算结果作为生态损害赔偿的依据，并将生态系统损害前、后的价值量变化作为生态损害赔偿的标准。

6.3.5　完善生态资源资产保护管理机制

（1）健全管理体系

加强生态保护顶层设计，健全管理体系，谋求生态系统保护与建设、区域社会经济协同发展。一是健全地方性法规、标准。系统梳理国内外自然资源资产、自然保护区、国家公园等相关法律、法规、标准，制定有利于辽河保护区生态资源资产管理的地方性法规、标准，加快形成"1+N"的政府规章体系，确保管理工作有序进行。二是落实"多规合一"。加强辽河保护区总体规划、专项规划与周边区域国土空间规划的衔接，适时优化调整辽河保护区范围边界和功能区划，确保生态系统完整性保护。三是建立协同管理机制。充分联合辽河保护区属地政府部门、自然资源管理部门、监督执法部门、河库管理机构、社区居民等，构建主体明确、责任清晰、相互配合的管理机制，协同解决保护区保护、建设和管理的重大问题，统筹做好生态保护、生态环境执法、基础设施建设等工作。

（2）强化科教宣传

辽河保护区生态系统保护与修复战略目标的实现需要依赖强有力的科技保障和广泛的社会支持。一是搭建生态资源资产科研合作平台。从全流域生态保护、水生态安全、生物多样性保护、辽河文化建设等方面设置研究任务，鼓励高等院校和科研机构参与辽河保护区生态环境保护、规划设计、科研监测。成立辽河保护区专家委员会，聘请国内外知名专家学者进行咨询指导。二是创新宣传教育模式。依据自然资源、景观资源、人文资源等特点，构建不同主题的自然教育区域。访客通过形式多样的自然教育，感受辽河保护区的自然和人文魅力，逐步提高生态保护意识。加强与高等院校、中小学建立合作关系。通过开展专题生态教育活动提升生态保护的自觉性和积极性。三是打造生态资源资产保护示范基地。建立生态体验区和保护示范基地，让社会公众参观学习典型生态保护工程，参与生态保护建设实践，提高社区群众的保护意识，推动实现辽河保护区全民保护。

参考文献

曹博文，2020. 辽河水域橡胶坝对河流水质影响的特征分析及建议[D]. 沈阳：辽宁大学.

崔耀平，刘纪远，胡云锋，等，2012. 中国植被生长的最适温度估算与分析[J].自然资源学报，27（2）：281-292.

《第一次全国水利普查成果丛书》编委会，2017. 水土保持情况普查报告[M].北京：中国水利水电出版社.

费敦悦，郭建茂，刘俊伟，等，2018. 基于涡度相关通量数据估算水稻光能利用率[J].气象科学，38（1）：76-84.

傅伯杰，于丹丹，吕楠，2017. 中国生物多样性与生态系统服务评估指标体系[J].生态学报，37（2）：341-348.

高艳妮，李岱青，蒋冲，等，2017. 基于能值理论的三江源区生态系统服务物质当量研究[J].环境科学研究，30（1）：101-109.

高艳妮，张林波，李凯，等，2019. 生态系统价值核算指标体系研究[J].环境科学研究，32（1）：58-65.

国家林业局，2008. 森林生态系统服务功能评估规范（LY/T 1721—2008）[S]. 北京：中国标准出版社.

国家林业局，2012. 荒漠生态系统服务评估规范（LY/T 2006—2012）[S]. 北京：中国标准出版社.

国家市场监督管理总局，国家标准化管理委员会，2020. 森林生态系统服务功能评估规范（GB/T 38582—2020）[S]. 北京：中国标准出版社.

国家质量监督检验检疫总局，2003. 天然草地退化、沙化、盐渍化的分级指标（GB 19377—2003）[S]. 北京：中国标准出版社.

国家质量监督检验检疫总局，国家标准化管理委员会，2011. 海洋生态资本评估技术导则（GB/T 28058—2011）[S]. 北京：中国标准出版社.

郝芳华，程红光，杨胜天，2006. 非点源污染模型——理论方法与应用[M].北京：中国环境科学出版社.

李金昌. 1999. 生态价值论[M].重庆：重庆大学出版社.

李晓星，杜军凯，傅尧，等，2018. 基于水环境污染治理的绿色 GDP 核算模型构建——以河北省围场县为例[J].人民长江，49（2）：19-22.

辽河保护区发展促进中心，2015. 2015 年辽河保护区生态系统与生物多样性监测报告[R].

辽河凌河保护区管理局，辽宁大学，沈阳农业大学，2017. 辽河保护区生物多样性监测与评价报告（2016—2017）[R].

辽宁大学环境学院，2021. 辽河保护区鸟类、鱼类物种多样性监测报告[R].

辽宁省辽河保护区管理局，辽河保护区发展促进中心，沈阳农业大学，2011. 2011 年辽河保护区生态系统与生物多样性监测报告[R].

辽宁省辽河保护区管理局，辽河保护区发展促进中心，沈阳农业大学，2012. 2012 年辽河保护区生态系统与生物多样性监测报告[R].

辽宁省辽河保护区管理局，辽河保护区发展促进中心，沈阳农业大学，2013. 2013 年辽河保护区生态系统与生物多样性监测报告[R].

辽宁省辽河保护区管理局，沈阳农业大学，2014. 2014 年辽河保护区生物多样性监测报告[R].

刘纪远，等，2016. 中国陆地生态系统综合监测与评估[M].北京：科学出版社.

刘淼，李宇斌，孙勇，等，2013. 辽河保护区生态水质净化经济效益分析[J].环境保护与循环经济，33（2）：58-62.

刘晴，杨新军，王蕾，等，2010. 西安大唐芙蓉园国内游憩利用价值评估[J].人文地理，25（5）：118-123.

刘尹，李春明，孙倩莹，等，2019. 厦门市生态系统供水服务量化与价值评估[J]. 环境科学研究，32（12）：2008-2014.

龙花楼，刘永强，李婷婷，等，2015. 生态用地分类初步研究[J].生态环境学报，24（1）：1-7.

欧阳志云，朱春全，杨广斌，等，2013. 生态系统生产总值核算：概念、核算方法与案例研究[J].生态学报，33（21）：6747-6761.

秦长海，甘泓，张小娟，等，2012. 水资源定价方法与实践研究：Ⅱ.海河流域水价探析[J].水利学报，43（4）：429-436.

任鸿瑞，罗毅，谢贤群，2006. 几种常用净辐射计算方法在黄淮海平原应用的评价[J].农业工程学报，(5)：141-147.

三江源区生态资源资产核算与生态文明制度设计课题组，2018. 三江源区生态资源资产价值核算[M].北京：科学出版社.

唐利琴，刘慧，胡波，等，2017. 1961—2014 年中国光合有效辐射重构数据集[J/OL]. 中国科学数据，2（3）. DOI：10.11922/csdata.170.2017.0135.

王兵，宋庆丰，2012. 森林生态系统物种多样性保育价值评估方法[J].北京林业大学学报，34（2）：155-160.

王大尚，李屹峰，郑华，等，2014. 密云水库上游流域生态系统服务功能空间特征及其与居民福祉的关系[J].生态学报，34（1）：70-81.

王建波，2013. 三江平原小叶章湿地碳特征对模拟 CO_2 升高和氮沉降的响应[D].长春：东北师范大学.

王艳，王倩，赵旭丽，等，2006. 山东省水环境污染的经济损失研究[J].中国人口·资源与环境，16（2）：83-87.

夏广锋，王闻烨，吴萱，等，2018. 辽河流域"十二五"水专项环境管理技术推广建议[J].环境保护与循环经济，38（2）：67-72.

肖潇，张捷，卢俊宇，等，2013. 基于 ITCM 的旅游者地方依恋价值评估——以九寨沟风景区为例[J].地理研究，32（3）：570-579.

谢高地，张彩霞，张雷明，等，2015. 基于单位面积价值当量因子的生态系统服务价值化方法改进[J]. 自然资源学报，30（8）：1243-1254.

谢高地，甄霖，鲁春霞，等，2008. 一个基于专家知识的生态系统服务价值化方法[J].自然资源学报，23（5）：911-919.

谢光辉，韩东倩，王晓玉，等，2011. 中国禾谷类大田作物收获指数和秸秆系数[J].中国农业大学学报，16（1）：1-8.

谢贤政，马中，2006. 应用旅行费用法评估黄山风景区游憩价值[J].资源科学，（3）：128-136.

徐宏，2013. 城市湿地资源评价和生态系统服务价值研究[D].北京：中国地质大学.

薛达元，包浩生，李文华，1999. 长白山自然保护区生物多样性旅游价值评估研究[J].自然资源学报，（2）：45-50.

杨文杰，赵越，赵康平，等，2018. 流域水生态系统服务价值评估研究——以黄山市新安江为例[J].中国环境管理，10（4）：100-106.

喻锋，李晓波，张丽君，等，2015. 中国生态用地研究：内涵、分类与时空格局[J].生态学报，35（14）：4931-4943.

苑芷茜，李艳红，邰姗姗，等，2017. 水专项"十三五"时期辽河流域水环境管理研究思路初探[J].环境科学与管理，42（6）：8-11.

查爱苹， 2013. 国家级风景名胜区经济价值研究[D].复旦大学.

张彪，李文华，谢高地，等，2009. 森林生态系统的水源涵养功能及其计量方法[J].生态学杂志（3）：155-160.

张鸿龄，郭鑫，孙丽娜，2016. 辽河保护区河岸带自然生境恢复现状[J].沈阳大学学报（自然科学版），28（2）：98-104.

张林波，高艳妮，2019. 厦门生态系统价值核算的基本原则[N].中国环境报，2019-06-25（3）.

章文波，谢云，刘宝元，2002. 利用日雨量计算降雨侵蚀力的方法研究[J].地理科学，6：705-711.

赵启学，2017. 辽河干流生态蓄水工程改善水环境的初探[J].东北水利水电，35（7）：41-42.

赵同谦，欧阳志云，郑华，等，2004. 中国森林生态系统服务功能及其价值评价[J].自然资源学报，（4）：480-491.

中国环境规划院，2003. 全国水环境容量核定技术指南[R].北京.

中国环境科学研究院，2006. 全国饮用水水源地环境保护规划[R].北京.

仲伟周，邢治斌，2012. 中国各省造林再造林工程的固碳成本收益分析[J].中国人口·资源与环境，22（9）：33-41.

朱先进，王秋凤，郑涵，等，2014. 2001—2010 年中国陆地生态系统农林产品利用的碳消耗的时空变异研究[J].第四纪研究，34（4）：762-768.

Armbrecht J，2014. Use value of cultural experiences：a comparison of contingent valuation and travel cost [J]. Tourism Management，42：141-148.

Blaine T W，Lichtkoppler F R，Bader T J，et al.，2015. An examination of sources of sensitivity of consumer surplus estimates in travel cost models[J]. Journal of Environmental Management，2015，151：427-436.

Budyko M I，1974. Climate and Life[M]. New York：Academic Press.

Chen H，Zhu Q，Peng C，et al.，2013. Methane emissions from rice paddies natural wetlands，lakes in China：synthesis new estimate[J]. Global Change Biology，19（1）：19-32.

Clawson M，Knetsch J L，1966. Economics of Outdoor Recreation[J]. Southern Economic Journal，33（104）：559-593.

Costanza R，D'Arge R，De Groot R，et al.，1997. The value of the world's ecosystem services and natural capital. Nature，387（6630），253-260.

Fleming C M，Cook A，2008. The recreational value of Lake McKenzie，Fraser Island：An application of the travel cost method[J]. Tourism Management，29：1197-1205.

Gao Y，Yu G，Li S，et al.，2015. A remote sensing model to estimate ecosystem respiration in northern China and the Tibetan Plateau[J]. Ecological Modelling，304：34-43.

Hoyos D，Riera P，2013. Convergent validity between revealed and stated recreation demand data：Some empirical evidence from the Basque Country，Spain[J]. Journal of Forest Economics，19：234-248.

Huang X，Chen Y，Ma J，et al.，2010. Study on change in value of ecosystem service function of Tarim River[J]. Acta Ecologica Sinica，30（2）：67-75.

Huete A，Didan K，Miura T，et al.，2002. Overview of the radiometric and biophysical performance of the MODIS vegetation indices[J]. Remote Sensing of Environment，83：195-213.

Hutchinson M F，2001. Anusplin version 4.2 user guide[M]. Canberra：the Australian National University.

Jujnovsky J，González-Martínez T M，Cantoral-Uriza E A et al.，2012. Assessment of Water Supply as an Ecosystem Service in a Rural-Urban Watershed in Southwestern Mexico City[J]. Environmental Management，49（3）：690-702.

Kenneth G Renard，George R Foster，Glenn A，1991. RUSLE：Revised universal soil loss equation[J]. Journal of Soil and Water Conservation，46（1）：30-33.

Liu J，Sun O J，Jin H，et al.，2011. Application of two remote sensing GPP algorithms at a semiarid grassland site of North China[J]. Journal of Plant Ecology，4（4）：302-312.

Millennium Ecosystem Assessment，2005. Ecosystems and Human Well-being：Synthesis[M]. Washington DC：Island Press.

Odum H T，1996. Environmental Accounting：Emergy and Environmental Decision Making[M]. New York：John Wiley and Sons.

Ovaskainen V，Neuvonen M，Pouta E，2012. Modelling recreation demand with respondent-reported driving cost and stated cost of travel time：a Finnish case[J]. Journal of Forest Economics，18：303-317.

Price E L，Sertić Perić，Mirela，et al.，2019. Land use alters trophic redundancy and resource flow through stream food webs[J]. Journal of Animal Ecology，88（5）：677-689.

Raich J W，Rastetter E B，Melillo J M，et al.，1991. Potential net primary productivity in South America：application of a global model[J]. Ecological Applications，1（4）：399-429.

The Economics of Ecosystems and Biodiversity：Ecological and Economic Foundations，edited by Pushpam Kumar，2010. [M]. London and Washington：Earthscan.

United Nations，European Commission，Organisation for Economic Co-Operation and Development，World Bank Group，2014. System of environmental-economic accounting 2012：experimental ecosystem accounting[R]. New York：United Nations.

Wang H，Jia G，Fu C，et al.，2010. Deriving maximal light use efficiency from coordinated flux measurements and satellite data for regional gross primary production modeling[J]. Remote Sensing of Environment，114（10）：2248-2258.

Williams J R，Jones C A，Dyke P T，1984. Modeling approach to determining the relationship between erosion and soil Productivity[J]. Transactions of the American Society of Agricultural Engineers，27（1）：129-

144.

Williams J R，Laseur W V，1976. Water yield model using SCS curve numbers[J]. Journal of the ydraulics Division，102（9）：1241-1253.

Wu J，Xiao X，Guan D，et al.，2009. Estimation of the gross primary production of an old-growth temperate mixed forest using eddy covariance and remote sensing[J]. International Journal of Remote Sensing，30（2）：463-479.

Xiao X，Hollinger D，Aber J，et al.，2004. Satellite-based modeling of gross primary production in an evergreen needleleaf forest[J]. Remote Sensing of Environment，89（4）：519-534.

Zhang L，Dawes W R，Walker G R，1999. Predicting the Effect of Vegetation Changes on Catchment Average Water Balance[R]. Technical Report 99/12，Cooperative Research Centre for Catchment Hydrology：Victoria，Australia.